FENGJING YUANLIN

ZHIWU ZAOJING TANSUO Y

风景园林植物造景探索研究

杨 朝 / 著

河北大学出版社
·保定·

出 版 人：刘相美
责任编辑：张靖瑄
助理编辑：李　烨
装帧设计：魏万鹿
责任校对：牟　霖
责任印制：常　凯

图书在版编目（CIP）数据

风景园林植物造景探索研究 / 杨朝著 . -- 保定 : 河北大学出版社 , 2024. 12. -- ISBN 978-7-5666-2583-0

Ⅰ . TU986.2

中国国家版本馆 CIP 数据核字第 2025E9Q581 号

风景园林植物造景探索研究

FENGJING YUANLIN ZHIWU ZAOJING TANSUO YANJIU

出版发行：河北大学出版社

地址：河北省保定市七一东路 2666 号　邮编：071000

电话：0312-5073003　0312-5073029

网址：www.hbdxcbs.com

邮箱：hbdxcbs@163.com

印　　刷：中煤（北京）印务有限公司

幅面尺寸：170 mm × 240 mm

字　　数：220 千字

印　　张：11

版　　次：2024 年 12 月第 1 版

印　　次：2024 年 12 月第 1 次印刷

书　　号：978-7-5666-2583-0

定　　价：89.00 元

如发现印装质量问题，影响阅读，请与本社联系。

电话：0312-5073023

前言 PREFACE

随着城市化进程加快，人们越来越认识到植物不仅能满足人们对自然美的需求，园林植物的大量应用还是改善城市环境的重要措施之一。城市园林绿地建设日益受到重视，逐渐成为现代城市文明的重要标志。

园林是在一定的地块上，以植物、山石、水体、建筑等为素材，遵循科学原理和美学规律，创造出可供人游憩和赏玩的现实生活境域。园林植物造景就是应用乔木、灌木、竹类、藤本及草本植物来创造景观，充分发挥植物本身形体、线条、色彩等自然美，创造出与周围环境协调、适宜，并能表达意境或者具有一定功能的艺术空间的活动。园林植物造景是一门融科学与艺术为一体的应用型学科。它既创造了现实的环境，又反映出意识形态，表达了情感色彩，同时满足了人们对精神世界的追求。因此园林植物景观的创作，需要做到科学性与艺术性的高度统一，在满足植物适应其生长环境的基础上，通过艺术的法则展现出植物的个体与群体之美，创造出形式美与意境美。因此，园林植物造景并不是简单利用植物营造视觉效果的景观，同时还包含着生态与文化的景观。

本书全面系统地探讨了风景园林植物造景的设计理论与实际应用，旨在揭示植物在风景园林景观构建中的重要作用及其与环境之间的相互关系。本书首先介绍了园林植物的识别与观赏特性，随后深入分析了园林植物与环境的互动机制，探讨了不同环境条件下园林植物的选择原则。在之后的章节中，详细阐述了美学与生态学原理在园林植物配置中的应用，并提出了基于自然与规则形式的造景设计方法。此外，本书还着重探讨了园林植物造景设计的基本程序，以及多元融合下的水体、山石、建筑与植物之间的协调配置。最后，在实际应用层面，本书针对公园绿地、居住区、工厂绿地、医疗机构、校园以及道路防护林带等多种环境中的植物配植进行了详尽论述，旨在为风景园林领域的设计师提供科学合理且实用性强的指导。

本书在写作过程中，参阅了大量前辈与同行们的著作与文献，在此深表感谢。由于作者水平有限，书中存在不足之处在所难免，恳请广大读者多提宝贵意见，以便本书日臻完善。

作　者

2024 年 7 月

目录 CONTENTS

第一章　风景园林植物的识别与观赏

第一节　园林木本植物识别与观赏

一、木本植物的观赏特色

没有园林植物，就不能称为真正的园林。没有园林树木，园林就没有骨架。可见木本园林花卉对园林的作用有多大。木本园林花卉应用于园林绿地中，具有比草本花卉更多特色的观赏特性和价值。木本园林花卉种类繁多，每个树种各有自己的形态、色彩、风韵、芳香等特色，而且这些特色又随着季节及树龄的变化而有所丰富和发展。

木本园林花卉的季相美和形态美，如春季枝梢嫩绿，花团锦簇；夏季绿叶成荫，浓荫覆地；秋季果实累累，色香具备；冬季则白雪挂枝，银装素裹。一年之中，四季各有不同的风姿和妙趣。以树龄论，木本园林花卉在不同的年龄时期，均有不同的树形树貌，如白皮松在幼龄时全株团簇状似球，壮龄时则亭亭如华盖，老年时则枝干盘虬有飞舞之姿。

木本园林花卉的个体美主要表现在形体姿态、色彩光泽、韵味联想、芳香及自然衍生方面。形体姿态美包括树形、枝形、叶形、花形、果形美。色彩光泽美，指树皮、枝条、叶片、花朵及果实的色彩与光泽度。韵味联想美，是指观赏者在观赏完园林花卉之后，在人脑中产生的用文字表达的文化美，也称为联想美、意境美等。这是人们对植物赋予了自己的感情，将其人格化了，如松、竹、梅被称为“岁寒三友”，象征坚贞、气节和理想，代表高尚的品质；红豆表示相思、恋念；紫荆喻示兄弟和睦。园林花卉的这种文化美的形成比较复杂，与民族文化、风俗习惯、文化教育、社会历史等有关系。同时，园林花卉的这种文化美，并不是一成不变的，随着时代的发展也会转变，与时俱进，如梅花，旧时以曲为美，受文人“疏影横斜”的影响，带有孤芳自赏的情调。现代却有了“待到山花烂漫时，她在丛中笑”的积极意义和高尚理想的内容。芳香美是指园林花卉的植株或部分器官能够挥发出怡人的芳香气味，能给人以清新、愉悦之感。自然衍生美是指由于某种花卉美而诱导出的美，如园林花卉诱来的禽鸟形成的“鸟语花香”之美、松针因风吹而起舞相互撞击形成的“松涛”之美等。

木本园林花卉的群体美，是指同一种类或不同种类搭配在一起形成的群落之美，主要体现在林缘线、林冠线、色彩交替、形状变化及叶花果交替的林相之美、韵律之美、景观之美。同时，还包括园林花卉与环境配合的协调统一的艺术美。园林花卉组合配置后，可以体现出景观的丰富感与平衡感，体现既稳定严肃又活泼之感，达到强调、缓解与增加韵味的效果。

二、木本园林植物的分类

（一）木本园林植物的类型

乔木类园林植物具有明显高大的主干，植株高度常达 6 m 至数十米。根据植株生长速度，又可分为速生乔木、中生乔木和慢生乔木，如红叶杨、金丝垂柳、金枝国槐、木瓜、白皮松等。

灌木类园林花卉无明显的主干或主干低矮，植株高度在 6 m 以下，如榆叶梅、蜡梅、石榴等。

丛木类园林花卉植株矮小，无明显的主干，干茎自地面呈多数生出，如贴梗海棠、夹竹桃等。

藤木类园林花卉的植株无明显的主干，茎不能自行直立，是需要缠绕或攀附他物才能向上生长的一类木本花卉。根据其生长特点，又可分为：吸附类，如爬山虎借助吸盘、凌霄借助气生根向上攀缘；卷须类，如葡萄借助其卷须攀附他物；蔓条类，如藤本蔷薇依靠其钩刺攀升；绞杀类，如细叶榕借助其缠绕性和粗壮而发达的吸附根使被缠绕的植物缢紧而死亡。

匍地类园林花卉是指植株的干或枝匍地生长的一类，如铺地柏等。

（二）常见种类

1. 牡丹

别名：富贵花、木本芍药、洛阳花。

科属：芍药科芍药属。

图 1-1　牡丹

形态特征：为落叶灌木，高达 2 m。枝条粗壮。叶呈 2 回羽状复叶，小叶长 4.5 cm ～ 8 cm，阔卵形至卵状长椭圆形，先端 3 ～ 5 裂，基部全缘，叶背有白粉，平滑无毛。花顶生，大型，径 10 cm ～ 30 cm；花型有多种；花色丰富，有紫、深红、粉红、黄、白、豆绿等色。花期 4 月下旬至 5 月；果期 9 月（图 1-1）。

产地分布：产于中国西部和北部，现各地广泛栽培，并已引种到国外。

生态习性：喜温暖而不耐热，较耐寒；喜光但忌夏季曝晒，在弱荫下生长最好，花期若能适当遮阴可延长花期并可保持纯正的色泽。喜深厚肥沃、排水良好、略带湿润的砂质壤土，忌黏土及积水之地。较耐碱，在 pH 值为 8 的土壤中也能正常生长。

繁殖方法：以秋季分株为主，也多用芍药根嫁接，也可用压条和播种法。

园林用途：花大且美，香色俱佳，故有“国色天香”的美称，更被赏花者评为“花中之王”，从而有“倾国姿容别，多开富贵家。临轩一赏后，轻薄万千花”的评价。古今园林中常作专类花园及供重点美化；又可植于花台、花池中观赏；亦可行自然式孤植或丛植于岩旁、草坪边缘或配植于庭园；此外，亦可盆栽或做切花。

2．梅花

别名：梅、干枝梅。

科属：蔷薇科李属。

形态特征：小乔木或灌木。树皮灰褐色，小枝绿色，光滑无毛。叶卵形或椭圆形，尾尖，基部宽楔形至圆形，缘具小锐锯齿；柄有腺体。花单生或 2 朵并生，浓香，先叶开放；花梗短；花萼颜色因品种而异；萼筒宽钟形，先端圆钝；花瓣倒卵形，白色至粉红色。花期冬末春初。果近球形，被柔毛，果肉核粘；核椭圆形，顶端圆形而有小突尖头，基部渐狭成楔形，表面具蜂窝状孔穴（图 1–2）。

图 1–2　梅花

产地分布：原产于长江流域及其以南各省，日本和朝鲜也产，现中国各地均有栽培。

生态习性：性喜光和温暖而略潮润的气候，有一定的耐寒力，个别品种可在东北应用。对土壤要求不高，耐瘠薄土壤。最怕积水，要求排水良好土壤。

繁殖方法：以嫁接和播种为主，也可压条。嫁接时，南方多用毛桃作砧木，北方多用山桃、山杏、梅作砧木。但是，毛桃、山桃上嫁接的梅花寿命短、病虫害严重，其他砧木上嫁接的梅花则没有这些问题。

园林用途：梅花已有 3 000 多年的栽培历史，根据观赏和食用又分为花梅和果梅两类，花梅主要供观赏，果梅主要作加工或药用。

梅花最宜植于庭院、草坪、低山丘陵，可孤植、丛植、群植。又可盆栽观赏，或加以整形修剪成桩景，或作切花瓶插供室内装饰用。同时，由于梅花品种较多，又适合营建专类园。其枝虬曲苍劲嶙峋，风韵洒脱，有一种饱经沧桑、威武不屈的阳刚之美；梅花是孤傲的象征，也是友情的象征。目前，中国建成了南京梅花山梅园、上海市淀山湖梅园、无锡市梅园和武汉市东湖磨山梅园四个规模很大、品种丰富的梅园。南京、武汉等城市均以梅花作为市花。

3．月季

别名：月月红。

科属：蔷薇科蔷薇属。

形态特征：常具钩状皮刺。小叶 3 ～ 5 片，广卵至卵状椭圆形，长 2.5 cm ～ 6 cm，缘有锐锯齿；叶柄和叶轴散生皮刺和短腺毛，托叶大部分附生在叶柄上，边缘有纤毛。花常数朵簇生，罕单生，径约 5 cm，花色深红、粉红至近白色，微香。果卵形至球形，红色。花期 4 月下旬至 10 月，果期 9 ～ 11 月（图 1-3）。

图 1-3　月季

产地分布：产于湖北、四川、云南、湖南、江苏、广东等地，现各地普遍栽培。原种及多数变种早在 18 世纪末、19 世纪初就传至国外，成为近代月季杂交育种的重要原始材料。

生态习性：喜光，喜温暖，夏季的高温对开花不利。对土壤要求不严，对环境适应性强。

繁殖方法：以扦插和嫁接为主，也可压条、分株和播种。扦插多在春、秋两季进行，嫁接以野蔷薇、白玉棠、刺玫、木香等为砧木，方法可用枝接、芽接、根接。

园林用途：花色艳丽，花期较长，是园林布置的极好材料，宜作花坛、花境及基础栽植用，在草坪、园路角隅、庭园、假山等处配植也很合适，又是盆栽及切花的优良材料。

4．杜鹃花

别名：映山红、照山红。

科属：杜鹃花科杜鹃花属。

形态特征：半常绿灌木。高达 3 m，有亮棕色或褐色扁平糙伏毛。叶纸质，椭圆形，长 3 cm ～ 5 cm。花 2 ～ 6 朵簇生于枝端，深红色，有紫斑；雄蕊 10 枚。蒴果密被糙伏毛，卵形。花期 4 ～ 6 月，果期 10 月（图 1–4）。

图 1–4　杜鹃花

产地分布：产于中国，长江流域和珠江流域各地、云南省均有分布。

生态习性：较耐热，喜凉爽气候和湿润气候，喜酸性土壤。耐瘠薄，怕积水，不耐寒，华北地区多盆栽，温室越冬。

繁殖方法：以分株和嫁接为主，也可扦插、压条、播种。

园林用途：为世界名花，花繁叶茂，绮丽多姿。最宜在林缘、溪边、池畔及岩石旁边成丛成片栽植，或于疏林下散植，也是良好的地被、花境和花篱及盆栽材料。

5．茶花

别名：曼陀罗树、晚茶花、耐冬、红茶花。

科属：茶花科茶花属。

形态特征：常绿小乔木或灌木，高达 9 m。叶革质，椭圆形，深绿色，发亮，无毛，边缘有锯齿。花顶生，红色、白色等无柄；苞片及萼片约 10 片，组成苞被，外有绢毛，脱落；花瓣 6 ～ 7 片，也有重瓣的。蒴果圆球形，果皮厚木质。花期 1 ～ 4 月。果期秋季（图 1–5）。

图 1–5　茶花

产地分布：产于中国东南和西南地区，目前国内各地广泛栽培，日本也产。

生态习性：稍耐阴，喜半荫。喜温暖湿润气候。要求肥沃排水良好的微酸性土壤。不耐酷热，气温达 29 ℃以上时，则生长停止。超过 35 ℃时则叶子会被晒焦。耐寒性较差，如山东青岛公园中的茶花，可耐 –10 ℃低温。北方多盆栽。

繁殖方法：以嫁接为主，也可扦插、分株、压条和播种。

园林用途：叶色鲜绿而有光泽，四季常青，花大而美丽，观赏期长，宜在园林中作点景用。另花期正值少花季节，而更显珍贵稀有。多用于点缀庭院和花坛，丛植或群植于疏林边缘或草坪一角。长江以南多与白玉兰、桂花、蜡梅等配植，形成芳香园林绿地。

6．桃花

别名：花桃、碧桃。

科属：蔷薇科李属。

形态特征：落叶小乔木或灌木。高达 8 m，树皮暗红褐色，小枝绿色，向阳处转红色，具大量小皮孔，老枝干上分泌桃胶；复芽。叶长圆披针形、椭圆披针形，先端渐尖，基部宽楔形，缘具细或粗锯齿，齿端具腺体或无腺体。花单生，先叶开放；梗极短；萼筒钟形绿色而具红色斑点，萼片卵形至长圆形，顶端圆钝；花瓣粉红色。果向阳面具红晕，外面密被短柔毛，腹缝明显，果梗短而深入果洼；果肉白色、浅绿白色、黄色、橙黄色或红色，多汁有香味，甜或酸甜。核大，离核或粘核，表面具纵、横沟纹和孔穴。花期 3 ～ 4 月，果期 6 ～ 9 月（图 1–6）。

图 1–6　桃花

产地分布：中国各地广泛栽培。世界各地也均有栽培。

生态习性：喜光，喜肥沃而排水良好的土壤，耐旱性强，不耐水湿。有一定的耐寒能力。

繁殖方法：以嫁接为主，砧木北方多用山桃，南方多用毛桃。也可用杏、李子、郁李等。也可用播种法、压条法。

园林用途：花、果、枝、干等均有良好的观赏效果，是重要的春季观花植物之一，孤植、群植、片植、散植均可，常结合水体、柳树或地形等景观要素营造“桃红柳绿”的春季景观。也可植作专类园观赏，结合地形，间以常绿针叶树和草坪。

7．樱花

别名：山樱花。

科属：蔷薇科李（樱）属。

形态特征：乔木，高达 25 m。树皮暗褐色，具横裂皮孔。单叶互生，卵形至卵状椭圆形，缘具芒或尖锐锯齿；柄顶端有 2 ～ 4 个腺体；托叶披针状线形，边缘锯齿状。花伞房状或总状花序，花瓣先端有缺刻，白色或淡粉红色，萼裂片有细锯齿，苞片呈篦形至圆形。果球形，红色，后变紫褐色。花期 3 ～ 5 月，果期 6 ～ 8 月（图 1-7）。

图 1-7　樱花

产地分布：产于北半球温带环喜马拉雅山地区，包括中国、日本、印度北部、朝鲜。世界各地都有栽培，以日本樱花最为著名，有 200 多个品种。

生态习性：喜光，喜温暖湿润，适宜于深厚肥沃的砂质土壤生长；耐寒和耐旱力强，但抗烟尘及抗风力弱，不耐盐碱土，也忌积水低洼地。

繁殖方法：以嫁接为主，砧木可用樱桃、山樱花、尾叶樱、桃和杏等。也可分株、压条、扦插等。

园林用途：树体高大，繁花似锦，花色艳丽，妩媚多姿，既有梅花之幽香，也有桃花之艳丽。盛开时节，花繁艳丽，满树烂漫，如云似霞，极为壮观。故宜群植或大片栽植，造成“花海”景观；也可孤植，尤以常绿树种为背景，可形成“万绿丛中一点红”的诗情画意。可三五成丛点缀于绿地形成锦团，也适于山坡、庭院、路边、建筑物前布置，也可作小路行道树，又是制作盆景的优良材料。国内观赏樱花的著名景点有西安的青龙寺、武汉大学珞珈山校园、北京玉渊潭公园、南京林业大学樱花大道等。

8．杏花

别名：杏树、杏花。

科属：蔷薇科李属。

形态特征：小乔木，高达 15 m，树皮灰褐色，纵裂；多年生枝浅褐色，皮孔大而横生，一年生枝浅红褐色。叶宽卵形或圆卵形，先端急尖至短渐尖，基部圆形至近心形，缘有圆钝锯齿；叶柄基部常具 1 ～ 6 腺体。花单生，白色或淡粉色，先叶开放；花梗极短；萼紫绿色或鲜绛红色。果球形，稀倒卵形，橙黄或黄红色，常带红晕，微被短柔毛；果肉多汁，熟时不开裂；果核平滑，卵形或椭圆形，两侧扁平，顶端圆钝。花期 3 ～ 4 月，果期 5 ～ 7 月。

产地分布：产于中国各地，尤以华北、西北和华东地区种植较多，黄河流域为栽培中心。

生态习性：喜光，可耐 −40 ℃低温，也耐高温；耐轻度盐碱，耐干旱，但极不耐涝。

繁殖方法：常用播种和嫁接方法。嫁接一般用野杏或山杏作砧木。

园林用途：“春色满园关不住，一枝红杏出墙来”描述了杏树的观赏特色。园林中最宜结合生产群植成林，也可在草坪、水边、墙隅孤植，山坡等处丛植或片植，阶前、墙角处、路边等地应用效果也很好。

9．榆叶梅

别名：榆梅。

科属：蔷薇科李属。

形态特征：小乔木或灌木，高 5 m。小枝细，树皮紫褐色。叶椭圆形至倒卵形，长 3 cm ～ 6 cm，缘具粗重锯齿。花单生或 2 朵并生，粉红色，径 2 cm ～ 3 cm。核果球形，红色。花期 4 月，先叶或与叶同放。果期 7 ～ 9 月。

产地分布：产于中国北部，黑龙江、河北、山西、山东、江苏、浙江等地均产，华北、东北多栽培。

生态习性：喜光，耐寒，较耐旱，但不耐水涝。

繁殖方法：常用嫁接繁殖，砧木可用山桃、毛桃、山杏或榆叶梅实生苗。

园林用途：植株丛生，枝暗红色，花期全株花团锦簇，呈现一派欣欣向荣的景象。可成丛、成片栽植于房前、墙角、路旁、坡地、水边；若以松柏类或竹丛为背景，与连翘、金钟花等组植，可收色彩调和之效。也可盆栽催花和作切花材料。

10．樱桃李

别名：樱李。

科属：蔷薇科李属。

形态特征：高达 8 m。叶片呈椭圆形、卵形或倒卵形，有细尖单锯齿或重锯齿。花白色，单生，单瓣，花瓣长圆形或匙形，缘波状。核果近球形或椭圆形，黄色、红色或黑色，微被蜡粉，具有浅侧沟，粘核；核表面平滑或粗糙或有时呈蜂窝状，背缝具沟，腹缝有时扩大具2侧沟。花期4～5月，果期6～7月。

产地分布：产于新疆，国外也产。

生态习性：喜光，也较耐阴。耐寒能力强，适宜肥沃排水良好的壤土。不耐积水。

繁殖方法：嫁接为主，砧木可用毛桃、山桃、山杏、李、梅等。也可扦插。

园林用途：花蕾紫红密集，开后花瓣白色，配以紫叶，非常美丽。可植于草坪、水边、常绿树丛前等处，也是良好的行道树。

11．棣棠

别名：地棠花、地团花。

科属：蔷薇科棣棠属。

形态特征：高达2 m，小枝有棱。叶卵形至卵状椭圆形，长4 cm～8 cm，先端长尖，缘有尖锐重锯齿。花金黄色，径3 cm～4.5 cm，单生于侧枝顶端。瘦果黑褐色，生于盘状花托上，萼宿存。花期4月下旬至5月底，果期7～8月（图1-8）。

图1-8 棣棠

产地分布：产于河南、湖北、湖南、江西、浙江、江苏、四川、云南、广东等地，日本也产。

生态习性：性喜温暖、半荫而略湿之地。

繁殖方法：以分株为主，也可扦插、播种。

12．中华石楠

别名：石楠千年红、扇骨木。

科属：蔷薇科石楠属。

形态特征：半常绿灌木或小乔木，高达10 m。叶片薄纸质，长圆形。复伞房花序。果卵形，紫红色。花期5月，果期7～8月。

产地分布：产于陕西、河南、江苏、安徽、浙江、江西、湖南、湖北、四川、云南、贵州、广东、广西、福建等地。

生态习性：喜温暖湿润气候，喜土层深厚、排水良好的肥沃壤土。

繁殖方法：常用播种、扦插、嫁接法。

园林用途：嫩叶鲜红色，老叶紫红色，非常美丽，主要用作绿篱、球状散植，或盆栽观赏。

第二节　园林草本植物识别与观赏

一、一二年生花卉

（一）观赏及应用特点

在园林绿地中除栽植乔木、灌木外，建筑物周围、道路两旁、疏林下、空旷地、坡地、水面、块状隙地等，都是栽种花卉的场所，使花卉在园林中构成花团锦簇、绿草如茵、荷香拂水、空气清新的意境，以最大限度地利用空间来达到人们对园林的文化娱乐、体育活动、环境保护、卫生保健、风景艺术等多方面的要求。花卉在园林中最常见的应用方式即是利用其丰富的色彩、变化的形态等来布置出不同的景观，主要形式有花坛、花境、花丛、花群以及花台等，而一些蔓生性的草本花卉又可用以装饰柱、廊、篱以及棚架等。

一二年生花卉品种繁多、形状各异、色彩艳丽，开花繁盛整齐、装饰效果好，在园林中可起到画龙点睛的作用。一年生花卉是夏季景观中的重要花卉，二年生花卉是春季景观中的重要花卉。花期集中，花期长。一二年生花卉是规则式园林应用形式（如花坛、种植钵、窗盒等）常用花卉，如三色堇、金鱼草、百日草、凤仙花、一串红、万寿菊等开花期集中，方便及时更换种类，可保证较长的良好观赏效果。

（二）常见的一二年生花卉

1．鸡冠花

别名：鸡冠、鸡冠头、红鸡冠、鸡公花。

科属：苋科，青葙属。

形态特征：株高 30 cm ～ 90 cm，茎直立，上部扁平，绿色或红色。叶互生，卵形，卵状披针形或线状披针形，顶部渐狭，全缘，有柄。肉质穗状花序顶生，花轴扁平、肉质，呈鸡冠状，中部以下集生多数小花，上部花多退化，花被膜质，5 片。花色深红，亦有黄、白及复色变种。花期 8 ～ 10 月。胞果卵形，盖裂，内含种子 4 粒，扁圆形，黑色具光泽。

生态习性：鸡冠花原产印度，一年生草本花卉。喜高温，不耐寒，遇霜则植株枯萎；怕涝，耐肥不耐瘠薄，在瘠薄土壤中鸡冠花变小。宜栽植在阳光充足、空气干燥的环境和排水良好的肥沃砂壤土上。对二氧化硫抗性强，对氯也有一定抗性。

繁殖栽培：种子繁殖。北方一般 3 月在温室播种或者 4 月下旬露地直播，温度 20 ℃以上 7 ～ 10 d 发芽，苗期温度以 15 ～ 20 ℃为宜。待苗长出 3 ～ 4 片真叶时可间苗 1 次，到苗高 5 cm ～ 6 cm 时即应带根部土移栽定植，栽后要浇透水，7 d 后开始施肥，每隔半月施 1 次液肥。常见病害有叶斑病、立枯病和炭疽病，可用 50% 代森锌可湿性粉剂 300 倍液喷洒，虫害有小绿蚱蜢和蚜虫为害，用 90% 敌百虫原药 800 倍液喷杀。

种类及品种介绍：鸡冠花变种、变型和品种很多，按植株高度来分，有矮秧品种（20 cm ～ 30 cm）、中秧品种（40 cm ～ 60 cm）和高秧品种（约 80 cm）。以花期分，有早花和晚花品种。色泽自极淡黄（近白）至金黄、棕黄，又白玉红、玫红、橙红至紫红色，并有黄系和红系夹杂的洒金、二乔等复色。一般栽培品种有四种：

①普通鸡冠花。

②子母鸡冠，植株呈广圆锥形，高 30 cm ～ 50 cm，多分枝。花序呈倒圆锥形，皱褶极多，主花序基部着生许多小花序，侧枝顶部亦能开花，花色橘红。

③圆绒鸡冠，株高 40 cm ～ 60 cm，有分枝，不开展。花序卵圆形，表面绒羽状，紫红或玫瑰红色，具光泽。

④凤尾鸡冠，又名芦花鸡冠、笔鸡冠，高 30 cm ～ 120 cm，茎粗壮多分枝，植株外形呈等腰三角形状。穗状花序聚集成三角形的圆锥花序，直立或略倾斜，着生枝顶，呈羽毛状。色彩有各种深浅不同的黄色和红色。

园林用途：鸡冠花色彩丰富，有深红、鲜红等色，适宜布置大型花坛、花境和景点，也是很好的盆栽材料，目前还可制成干花，用于插花艺术。

2. 矮牵牛

别名：番薯花、毽子花、碧冬茄。

科属：茄科，碧冬茄属。

形态特征：株高 20 cm ～ 50 cm，茎直立，全株上下都有黏毛；叶互生，嫩叶略对生，卵状，全缘，几无柄；花单生于叶腋或顶生，花萼五裂，花冠漏斗状，花瓣边缘变化很大，有平瓣、波状、锯齿状瓣。花色繁多，有红、紫红、粉红、橙红、紫、蓝、白及复色等，五彩缤纷，十分艳丽。花期 4 ～ 10 月。

生态习性：矮牵牛原产于南美洲巴西、阿根廷、智利及乌拉圭等地，多年生草本植物，多作一二年生栽培。喜阳光充足和温暖的环境，不耐寒，生长适温 15 ～ 20 ℃，冬季温度在 4 ～ 10 ℃，如低于 4 ℃，植株生长停止，能经受 -2 ℃低温；夏季可耐 35 ℃左右的高温，对温度的适应性强。忌水涝，喜排水良好的砂壤土或弱酸性土壤。

繁殖栽培：播种法或扦插法。在 20 ～ 22 ℃的条件下，5 ～ 7 d 即可发芽。出苗后温度保持在 9 ～ 13 ℃。重瓣品种不易结实，可用扦插法繁殖。2 片真叶时，移栽 1 次，幼苗具 5 ～ 6 片真叶时可定植于 10 cm 盆或 12 cm ～ 15 cm 的吊盆中。小苗要带土移植，定植要早，否则缓苗较慢。需摘心的品种，在苗高 10 cm 时进行，在摘心后 10 ～ 15 d 用 0.25% ～ 0.5% 叶酸喷洒叶面 3 ～ 4 次，来控制植株高度，促进分枝，效果十分显著。矮牵牛在夏季高温多湿条件下，植株易倒伏，注意修剪整枝，摘除残花，以保持株形美观，达到花繁叶茂。病虫害较少，易于栽培。

种类及品种介绍：矮牵牛园艺品种繁多，从株形上可分为高生种、矮生种、丛生种、匍匐种；从花型上可分为大花、小花、波状、锯齿、重瓣、单瓣；从花色上可分为紫红、鲜红、桃红、蓝紫、白和复色等。

园林用途：矮牵牛花期长，花期早，花朵硕大，色彩丰富，花型变化颇多，所以既可地栽布置花坛，又宜盆植、吊植，美化阳台居室。

3．翠菊

别名：江西腊、姜心菊、蓝菊、五月菊、七月菊、八月菊、九月菊。

科属：菊科，翠菊属。

形态特征：株高 20 cm ～ 100 cm，茎直立，表面有白色糙毛，多分枝；叶互生，卵形至椭圆形，具有粗钝锯齿，基部叶有柄，叶柄有小细翅，上部叶无叶柄，叶两面疏生短毛；头状花序单生枝顶，花径 3 cm ～ 15 cm，总苞具多层苞片，外层革质、内层膜质，中央管状花黄色，花盘边缘为舌状花，色彩丰富，原种舌状花 1 ～ 2 轮，栽培品种的舌状花多轮；瘦果呈楔形，浅褐色，9 ～ 10 月成熟，种子寿命 2 年。秋播花期为第二年 5 ～ 6 月，春播花期 7 ～ 10 月。单株盛花期约 10 d。

生态习性：翠菊原产我国东北、华北以及四川、云南各地，一二年生草本。植株健壮，喜凉爽气候，喜阳光，喜湿润。不耐寒，怕高温，白天最适宜生长温度为 20 ～ 23 ℃，夜间 14 ～ 17 ℃。为浅根性植物，不耐旱，不耐涝，不择土壤，但具有喜肥性，在肥沃湿润和疏松、排水良好的壤土、砂壤土中生长最佳，积水时易烂根死亡。高型品种适应性较强，随处可栽，中矮型品种适应性较差，要精细管理。忌连作，需隔 3 ～ 4 年栽植 1 次。盆栽宜每年换新土 1 次。

繁殖栽培：种子繁殖，多为春播，一般播种后在 15 ℃左右约需要 10 d 发芽。出苗后应及时间苗。2 片真叶时分苗，移栽要在小苗时进行，苗大移栽会影响成活。移栽后，苗高 10 cm 时定植。由于翠菊喜肥，所以除施用腐熟的基肥外，要适时补充化肥。灌水要根据天气和土壤干旱情况而定，现蕾后要控水停肥，以防止主茎和侧枝的徒长，夏季干旱时，须经常灌溉。常见病害有黑斑病，可用 70% 托布津 800 倍液防治。虫害以红蜘蛛和蚜虫为害，用 40% 乐果乳油 1 500 倍液喷杀。

种类及品种介绍：翠菊品种繁多，花色丰富。按花色可分为蓝紫、紫红、粉红、白、桃红、黄等色。按株型可分大型、中型、矮型。大型株高 50 cm ～ 80 cm；中型株高 35 cm ～ 45 cm；矮型株高 20 cm ～ 35 cm。按花型可分彗星型、驼羽型、管瓣型、松针型、菊花型等。

园林用途：翠菊的矮型品种适合盆栽观赏，不同花色品种配置五颜六色，颇为雅致，也宜用于毛毡花坛边缘。中、高型品种适于各种类型的园林布置；高型可作“背景花卉”，也宜作切花材料。如用紫蓝色翠菊瓶插、装饰窗台，显得古朴高雅。若以黄色翠菊和石斛为主花，配以丝石竹、肾蕨、海芋进行壁插，素中带艳，充满时代感。

4．金盏菊

别名：长生菊、金盏花、长春菊、黄金盏、常春花。

科属：菊科，金盏菊属。

形态特征：株高 30 cm ～ 60 cm，全株具毛。叶互生，长圆至长圆状倒卵形，全缘或有不明显锯齿，基部稍抱茎；头状花序单生，径 4 cm ～ 5 cm，舌状花黄色，总苞 1 ～ 2 轮，苞片线状披针形，花色有黄、橙、橙红、白等色，也有重瓣、卷瓣和绿心、深紫色花心等栽培品种，花期 4 ～ 6 月；瘦果弯曲，果熟期 5 ～ 7 月。

生态习性：金盏菊原产欧洲南部及地中海沿岸，一二年生草本。耐寒，怕热，生长适温为 7 ～ 20 ℃，幼苗冬季能耐 -9 ℃低温。喜阳光充足环境，适应性较强，较耐干旱瘠薄，但在肥沃、疏松和排水良好的砂质壤土或培养土最为适宜。土壤 pH 值以 6 ～ 7 最好。这样植株分枝多，开花大而多。金盏菊栽培容易，且易自播繁衍。

繁殖栽培：种子繁殖，常以秋播或早春温室播种，7 ～ 10 d 出苗，于 4 ～ 5 月可开花。秋播出苗后，于 10 月下旬在冷床假植越冬。金盏菊枝叶肥大，生长快，早春应及时分栽定植，幼苗 3 片真叶时移苗 1 次，待苗 5 ～ 6 片真叶时分栽定植，定植后 7 ～ 10 d，可用摘心或者喷施 0.4% 叶酸溶液喷洒叶面 1 ～ 2 次来控制植株高度，促进分枝。生长期每半月施肥 1 次，肥料充足，金盏菊开花多而大。常见病害有枯萎病和霜霉病，可用 65% 代森锌可湿性粉剂 500 倍液喷洒防治。初夏气温升高时，金盏菊叶片常发现锈病为害，用 50% 萎锈灵可湿性粉剂 2 000 倍液喷洒。早春花期易遭受红蜘蛛和蚜虫为害，可用 40% 氧化乐果乳油 1 000 倍液喷杀。

园林用途：金盏菊春季开花较早，色彩艳丽，常供花坛布置。花坛栽植，应随时剪除残花，则开花不绝。但其自初花至盛花末期，植株继续长高，故在花坛设计或养护时，应予注意。近年国内也已作温室栽培，供应切花或盆花。

5．万寿菊

别名：臭芙蓉、蜂窝菊、臭菊、千寿菊。

科属：菊科，万寿菊属。

形态特征：株高 20 cm ～ 100 cm，茎直立，光滑而粗壮。叶对生或互生，羽状全裂，裂片披针形，叶缘背面具油腺点，有特殊气味。头状花序单生，花径 5 cm ～ 13 cm，花梗粗壮而中空，近花序处肿大。舌状花瓣上具爪，边缘呈波浪状，花期 7 ～ 9 月。瘦果黑色，下端浅黄，冠毛淡黄色，果期 8 ～ 9 月。

生态习性：万寿菊原产墨西哥，一年生草本植物。性喜阳光充足和温暖的气候环境，但稍能耐早霜，它的生长适温为 15 ～ 20 ℃，冬季温度不低于 5 ℃；夏季高温 30 ℃以上，植株徒长，茎叶松散，开花少。稍耐阴，较耐旱，在酷暑条件下生长不良，它适应性强，对土壤要求条件不严，但以肥沃、深厚、富含腐殖质、排水良好的砂壤土为宜。

繁殖栽培：种子繁殖为主，也可以扦插繁殖。一般 3 月份播种，发芽的适温为 20 ℃左右，发芽较快，一般播后 7 ～ 9 d 发芽。扦插可以在 5 ～ 6 月进行，在室温 19 ～ 21 ℃下，插后 10 ～ 15 d 生根，扦插苗 30 ～ 40 d 可开花。2 ～ 3 片真叶时移植 1 次，幼苗具 5 ～ 7 片叶时定植。幼苗期生长迅速，应及时摘心，促使分枝。生长期每半月施肥 1 次，为了控制植株高度，在摘心后 10 ～ 15 d，用 0.05% ～ 0.1%B9 水溶液喷洒 2 ～ 3 次，每周 1 次。常见病害有叶斑病、锈病和茎腐病，可用 50% 托布津可湿性粉剂 500 倍液喷洒。虫害以盲蝽、叶蝉和红蜘蛛为害，用 50% 敌敌畏乳油 1 000 倍液喷杀。

种类及品种介绍：品种按植株高低，可分为高茎种：株高 90 cm 左右，花形较大；中茎种：株高 60 cm ～ 70 cm。花形中等；矮茎种：株高 30 cm ～ 40 cm，花形较小。按花型，分蜂窝型：花序基本上由舌状花构成，管状花分散夹杂其间，花瓣多皱，花序圆厚近球形；散展型：花序外形与蜂窝型相似，但舌状花先端阔，较平展，排列较疏松；卷钩型：花瓣狭窄，先端尖，有时外翻，舌状花互相卷曲钩环。常用品种有："安提瓜"，株高 25 cm ～ 30 cm，花重瓣，播后 65 ～ 70 d 开花。"发现"，株高 15 cm ～ 20 cm，分枝性强，花重瓣、球状，花径 7 cm ～ 8 cm。"大奖章"，株高 15 cm ～ 22 cm，花径 7 cm。另外，有特大花型的"江博"、树篱型的"丰盛""第一夫人"等。

园林用途：万寿菊花大色艳，花期长。其中，矮型品种，分枝性强，花多株密，植株低矮，生长整齐，球形花朵完全重瓣，最适作花坛布置或花丛栽植；

中型品种，花大色艳，花期长，管理粗放，是草坪点缀花卉的主要品种之一，主要表现在群体栽植后的整齐性和一致性，也可供人们欣赏其单株艳丽的色彩和丰满的株形。高型品种，花朵硕大，色彩艳丽，花梗较长，做切花后水养时间持久，是优良的鲜切花材料，也可作带状栽植代篱垣，或作背景材料之用。

6．三色堇

别名：蝴蝶花、猫儿脸。

科属：堇菜科，堇菜属。

形态特征：株高 15 cm ～ 25 cm，全株光滑，茎长而多分枝。叶互生，基部叶有长柄，基生叶近心形，茎生叶矩圆状 9 口形或宽披针形，托叶宿存，基部有羽状深裂。花大，花径 4 cm ～ 10 cm，腋生，下垂，有总梗及 2 小苞片；萼 5 宿存，花瓣 5 枚，不整齐，一瓣有短而钝之距，下面花瓣有线形附属体，向后伸入距内。花色瑰丽，通常为黄、白、紫三色，或单色，还有纯白、浓黄、紫堇、蓝、青等，或花朵中央具一对比色之“眼”，花期 4 ～ 6 月，蒴果椭圆形，三裂，果熟期 5 ～ 7 月。

生态习性：三色堇原产于欧洲南部，多年生草本，常作二年生栽培。喜凉爽，忌酷热，在昼温 15 ～ 25 ℃、夜温 3 ～ 5 ℃的条件下发育良好。较耐寒，能耐 -15 ℃的低温。喜光，略耐半阴。不耐瘠薄，喜肥沃、排水良好、富含有机质的中性壤土或砂壤土。

繁殖栽培：种子繁殖，有秋播，也有春播。三色堇发芽适温为 10 ～ 21℃，避光条件下 7 ～ 10 d 发芽。生长适温为 10 ～ 13 ℃，播种后 14 ～ 15 周开花。为使春季开花一般用秋播，在 8 月下旬至 9 月上旬播于冷床，在植株长至 3 ～ 4 片真叶时，可进行适当的炼苗，促使植株健壮。5 ～ 6 片真叶时移栽 1 次，10 月下旬带土移入阳畦，第二年 3 月下旬定植，定植后需勤施肥水，4 ～ 6 月开花，到夏季则生长不良。东北地区多春播，3 月在温室播种，5 月就能开花。春季雨水过多时会发生灰霉病，可用 65% 代森锌可湿性粉剂 500 倍液喷洒。天气干燥时，常有蚜虫为害，用 40% 氧化乐果乳油 1 500 倍液喷杀。

种类及品种介绍：园艺品种十分丰富，有大花、纯色、杂色、二色、瓣缘波状等品种。近年来常用的品种有：“雪波”系列，一代交配种。中大花型，花朵直立，花瓣厚，不易下垂。花色多达 17 种，鲜艳独特，花期特别长。“雪波”系列生长强健，株形紧凑，耐寒性强，耐雨，是市场反应极佳的品种。“神童”系列，大花带斑系列，株形紧凑，适于秋冬生产用，花色有黄斑、白斑、红斑、玫瑰红斑、蓝斑、紫斑等。“丽人”系列，大花品种，株形紧凑，花期早，性喜冷凉，其特有的纯色给人一种清爽纯洁的感觉。花色有红色、黄色、橘黄色、白色、蓝色等。“帝王”，新育成带斑系列，花大，8 cm ～ 10 cm，株形紧凑，价格经济。“华尔兹”，株高 12 cm ～ 15 cm，花径 6 cm，新颖独特的皱花边似重瓣。极具观赏效果。是理想的早春盆栽新品种。

园林用途：三色堇为春天优良的花坛材料，开花早，花期长，花色丰富多彩，花形奇特，品种繁多，可在公园成片种植，也可供花坛、花境、盆钵栽培或作为镶边材料，是近年来非常受欢迎的盆栽及庭院花卉。

7. 凤仙花

别名：指甲草、透骨草、金凤花、洒金花。

科属：凤仙花科，凤仙花属。

形态特征：株高 30 cm ～ 100 cm，茎肥厚多汁而光滑，节部膨大，呈绿色或深褐色，茎色与花色相关。叶互生，披针形，叶柄两侧有腺体。花单朵或数朵簇生叶腋，花冠蝶形，有单瓣、重瓣之分，花色有白、水红、粉、玫瑰红、大红、洋红、紫、雪青等，花期 6 ～ 10 月。结蒴果，状似桃形，成熟时外壳自行爆裂，将种子弹出。

生态习性：凤仙花原产印度、中国南部、马来西亚，为一年生草本植物。凤仙花喜阳光，怕湿，耐热不耐寒，遇霜则枯萎。对土壤要求不严，耐瘠薄，但在土层深厚的肥沃土壤上生长良好。凤仙花适应性较强，移植易成活，生长迅速。

繁殖栽培：种子繁殖。3 ～ 9 月进行播种，以 4 月播种最为适宜，这样 6 月上、中旬即可开花，花期可保持两个多月，约 10 d 后可出苗。当小苗长出 3 ～ 4 片叶后，即可移栽。5 月中旬定植于露地。定植后，对植株主茎要进行打顶，增强其分枝能力；基部开花后马上摘去，这样会促使各枝顶部陆续开花。由于它对盐害非常敏感，宜薄肥勤施，10 d 后开始施液肥，每隔 1 周施 1 次。避免浇水过多或干旱。最适 pH 值为 5.8 ～ 6.5。凤仙花生存力强，适应性好，一般很少有病虫害。

种类及品种介绍：品种很多，可分单瓣和重瓣两大类。重瓣按花型可分为蔷薇型、山茶型和石竹型。因凤仙善变异，经人工栽培选择，已产生了一些好品种，如五色当头凤，花生茎之顶端，花大而色艳，还有十样锦等。现在花市上大部分是新几内亚凤仙。新几内亚凤仙为凤仙花科、凤仙花属多年生常绿草本植物。花色丰富、色泽艳丽欢快，四季开花，花朵繁茂，花期长；植株丰满，叶片洁净秀美，叶色、叶形独具特色；生长速度快，可自然成形，宜作周年供应的时尚盆花。

园林用途：由于凤仙花适应性强，花色繁多，观赏价值高，可适用于花坛、花径、花篱、自然丛植和盆栽观赏等。

8. 紫罗兰

别名：草桂花。

科属：十字花科，紫罗兰属。

形态特征：株高 30 cm ～ 60 cm，全株被灰色星状柔毛，茎直立，多分枝，基部稍木质化。叶互生，叶面宽大，长椭圆形或倒披针形，先端圆钝。总状花序顶生和腋生，花梗粗壮，花瓣 4 枚，瓣片铺展为十字形，花淡紫色或深粉红色，具芳香，花期 3 ～ 5 月。单瓣花能结籽，重瓣花不结籽，果实为长角果、圆柱形，种子有翅，果熟期 6 ～ 7 月（图 1-9）。

图 1-9 紫罗兰

生态习性：紫罗兰原产欧洲南部，多年生草本，常作一二年生栽培。紫罗兰喜阳光充足、温暖和冷凉的环境，生长适温白天为 15 ～ 18 ℃，夜间约为 10 ℃，能耐短时间的 -5 ℃的低温。要求疏松肥沃、土层深厚、排水良好的土壤。

繁殖栽培：种子繁殖，北方一般在 1 ～ 2 月温室播种。在真叶展叶前需分苗移植。因其直根性强，须根不发达，如较早移植，并且移植时要多带宿土，可少伤根。栽植时应施足基肥，生长前期视植株长势适当施肥。施肥要薄肥勤施，否则易造成植株徒长。不可栽培过密，否则通风不良，易受病虫害。定植后浇透水。如养护得当，4 月中旬即可开花。开花后需剪花枝，并施 1 ～ 2 次追肥，这样能再抽枝，到 6 ～ 7 月可第 2 次开花。紫罗兰为直根性植物，不耐移植。因此为保证成活，尽量不要伤根系。常见病害有叶斑病，可喷洒 1% 的波尔多液或 25% 多菌灵可湿性粉剂 300 ～ 600 倍液来防治；猝倒病，发病初期用 50% 的代森铵水溶液 300 ～ 400 倍液或 70% 甲基托布津可湿性粉剂 1 000 倍液防治。虫害主要是蚜虫，喷施 40% 乐果或氧化乐果 1 000 ～ 1 500 倍液，或杀灭菊酯 2 000 ～ 3 000 倍液或 80% 敌敌畏 1 000 倍液等。

种类及品种介绍：园艺品种甚多，有单瓣和重瓣两种品系。重瓣品系观赏价值高；单瓣品系能结种，而重瓣品系不能。一般扁平种子播种生长的植株，通常可生产大量重瓣花；而饱满充实的种子，大多数产生单瓣花的植株。花色有粉红、深红、浅紫、深紫、纯白、淡黄、鲜黄、蓝紫等。在生产中一般使用白花、粉花和紫花等品种生产切花。主要栽培品种有白色的“艾达”、淡黄的“卡门”、红色的“弗朗西丝卡”、紫色的“阿贝拉”和淡紫红的“英卡纳”等。依株高不同分有高、中、矮三类；依花期不同分有夏紫罗兰、秋紫罗兰及冬紫罗兰等品种；依栽培习性不同分一年生及二年生类型。

园林用途：紫罗兰花期较长，花朵丰盛，花序硕大，色彩丰富，有香味，可用作花坛、花境的布置材料和盆栽美化居室，也是很好的切花植物。

9. 观赏向日葵

别名：美丽向日葵、太阳花。

科属：菊科，向日葵属。

形态特征：茎直立，圆形而多棱角，质硬，被粗毛。叶互生，卵形。头状花序，周围一圈是舌状小花，不结实；中间为管状小花，结实。花色为黄色（黑心），莲花形。果褐色、黑色或白色，瓜子形。

生态习性：忌高温多湿，喜阳光充足，不耐阴，不耐旱，不耐涝，不耐寒。喜肥，对土壤要求不严。抗病能力差。

繁殖栽培：种子繁殖。因为观赏向日葵的主根很深，所以最好把观赏向日葵的种子直接播种于最终的容器中。种子宜播种于排水良好、无病虫害、pH值在6.5～7.0的栽培基质中，播种后轻轻覆盖。种子萌发的土壤温度是20～25 ℃，8 d左右开始发芽，出芽后施二铵、钾肥，使苗生长旺盛。种子萌发后逐渐增加光照强度，当子叶完全展开后可适当施用肥料。种苗生长的温度是日温20～25 ℃、夜温18～20 ℃，高温会使植株徒长。适当灌溉以促进植株生长，在开花之前停止施肥，施用一定量的生长调节剂可以控制植株的高度。

种类及品种介绍：观赏向日葵自19世纪80年代初，在欧洲被用于观赏以来，仅有100多年的栽培历史，但发展很快。从单瓣的向日葵，很快选育出90 cm矮生种、橙色重瓣种和分枝性强的小花类向日葵，使向日葵观赏范围很快扩大。接着，市场又出现杂交一代向日葵品种。随后，欧洲的育种家把观赏向日葵向矮生、重瓣和多色方向发展。

园林用途：观赏向日葵花朵硕大，鲜艳夺目，枝叶茂密，是新颖的盆栽和切花植物。也用于花坛、花境或庭院观赏。

二、宿根花卉

（一）观赏及应用特点

宿根花卉是指在露地栽培环境条件下，植株地上部分当年生长、开花后枯死，地下部分宿存越冬，到下一个生长季节来临时植株重新萌芽、生长、开花；或者在温暖条件下每年都能生长、开花的一类多年生草本观赏植物。宿根花卉具有可存活多年的地下部分。多数种类具有不同程度的粗壮主根、侧根和须根，其中主根、侧根可存活多年，由根颈部的芽每年萌发形成新的地上部分，经过生长可以开花、结实，如芍药、菊花、火炬花、玉簪等。也有不少种类地下根部能存活多年，并继续横向延伸形成根状茎，根茎上着生须根和芽，每年由新芽形成地上部，经过生长可以开花、结实，如荷包牡丹、鸢尾、玉竹、费菜、肥皂草等。宿根花卉应用范围广，可以在园林景观、庭院、路边、河边、边坡等地方绿化中广泛应用。一次种植可多处观赏，且方便、经济，可以节省大量人力、物力。大多数品种对环境条件要求不严，可粗放管理。品种繁多，株型高矮、花期、花色变化较大，时间长，色彩丰富、鲜艳。许多品种有较强的净化环境与抗污染的能力及药用价值。部分品种是做切花、盆花及干花的好材料。

（二）常见宿根花卉

1．菊花

别名：菊华、九华、女华、黄花、黄华。

科属：菊科，菊属。

我国是菊的故乡，菊花千姿百态，清香四溢，傲霜挺立，凌寒盛开，有花中君子之美誉。人们赏菊，赏其五彩缤纷，黄色华贵雍容，金光灿烂；红色热情奔放，绚丽夺目；白色清洁淡雅，淡妆素裹；绿色妩媚含娇；黑紫色墨荷诱人。赏其千姿百态，卷散的“嫦娥奔月”，花瓣飘逸潇洒，淡意疏容，晚香冷秀。赏其香，不清不严，既清且幽，沁人心脾，零落黄金蕊，虽枯不改香。

形态特征：为多年生草本植物或宿根亚灌木，扦插苗的茎分为地上基和地下茎两部分。株高 20 cm ～ 200 cm。茎色嫩绿或褐色，被灰色柔毛或茸毛，基部半木质化。花后茎干枯死，次年春季由地茎发生蘖芽。单叶互生，卵圆至长圆形，边缘有缺刻及锯齿，叶柄长 1 cm ～ 2 cm，柄下两侧有托叶或退化。头状花序顶生，舌状花内雄蕊退化，雌蕊 1 枚，为雌花；筒状花为两性花。花色有红、黄、白、紫、绿、粉红、复色、间色等色系。花期夏秋至寒冬，但以 10 月为主。瘦果扁平，内含种子 1 粒，次年 2 月种子成熟（图 1–10）。

图 1–10　菊花

生态习性：菊花适应性强，性喜凉爽，较耐寒，生长最适温度为 18 ～ 21 ℃，最高 32 ℃，最低 10 ℃，地下根能耐 –10 ℃低温。喜阳光充足，但也能耐阴，耐干旱，忌水湿。喜地势高、土层深厚、富含腐殖质、疏松肥沃、排水良好的壤土。在微酸性至微碱性土壤中皆能生长。而以 pH 值 6.2 ～ 6.7 最好。为短日照植物，在每天 14.5 h 的长日照下进行营养生长，每天 12 h 以上的黑暗与 10 ℃的夜温适于花芽发育。

种类及品种介绍：菊花在我国具有悠久的栽培历史。由于其适应能力强，栽培范围广，加上长期的自然杂交和人工选择以及环境条件的影响，产生了各种各样的变异，形成丰富多彩的栽培品种。品种的分类应按什么标准来进行呢，前人在这方面已做了大量的工作，在古代的菊谱中，大多以颜色作为分类标准。随着菊花品种的增多和现代园艺技术的发展又产生了许多分类标准，但大多都以花的特征为主要标准。

繁殖栽培：依栽培方式不同而有别，在温暖地区常作露地栽培，周年进行切花生产。除选择品种外，主要是利用电灯照明来控制菊花短日照下花芽分化和开花的作业，以达到周年生产的要求。

近年来，我国在菊花繁殖上，除沿用的扦插等营养繁殖外，也运用组织培养方式进行增殖和保存名贵品种，并利用辐射诱变等手段获得了一些新品种。

园林用途：菊花品种繁多，花型及花色丰富多彩，选取适宜品种可布置花坛、花境及岩石园等。自古以来盆栽菊花清高雅致，也深受我国人民喜爱。案头菊及各类菊艺盆景使人赏心悦目，日益受到欢迎。菊花在世界上是重要的切花之一，在切花销售额中居首位，水养时花色鲜艳而持久，切花还可用于花束、花圈、花篮等的制作。杭菊等多入药，或作清凉饮料用。一些地区，还用菊花制作菊花酒、菊花肉等饮料及风味食品。

菊花因其花姿千变万化、花色姹紫嫣红、花香幽雅清芳，常常会作为展示花卉。一般展示的类型可分为以下几种：

①品种展示型：以各种品种的展示为主，注意各品种间的前后高矮，以及颜色的搭配。也有的按照花型分类放置，科普性较强而装饰性较弱。

②意境烘托型：此方式多与和菊花相关的古典诗词及神话传说相结合，加入仿真模型或小品等其他景观因素，在赏菊的同时注意意境的创造与烘托，表现出一定的文化底蕴。

③图案表现型：此方式往往将菊花与其他植物相搭配，组合成某种图案，具有较强的装饰性和视觉冲击性。

2. 马蔺

别名：马莲。

形态特征：宿根草本，根茎粗短，须根细而坚韧。叶丛生、狭线形，基部具纤维状老叶鞘，叶下部带紫色，质地较硬。花茎与叶近等高，每茎着花2～3朵；花堇蓝色，垂瓣无须毛，中部有黄色条纹，径约6 cm。花期5月，蒴果长形，种子棕色，有角棱。

生态习性：鸢尾类中除鳞茎种类外，均具有根茎，其粗细依种类而异。耐寒性较强，一些种类在有积雪层覆盖条件下，-40 ℃仍能露地越冬。但地上茎叶多在冬季枯死；也有常绿种类。鸢尾类春季萌芽生长较早，春季或夏初开花，花芽分化多在秋季9～10月间完成，即根茎先端的顶芽形成花芽，顶芽抽出花葶后即死亡，而在顶芽两侧常发生数个侧芽，侧芽在春季生长后形成新的根茎，并在秋季重新分化花芽。原产中国及中亚细亚、朝鲜。对土壤及水分适应性极强，可作地被及镶边植物，全株入药，叶为绑扎材料。

鸢尾类是高度发达的虫媒花。从花的构造上看，花药被花柱所覆盖，而花药却在下方开裂，因此具有避开自花授粉的巧妙机能，它又是雄性先熟的花，自花授粉的比率较低。

繁殖栽培：鸢尾类通常用分株法繁殖，每隔 2 ～ 4 年进行一次，于春季花后，或秋季均可，寒冷地区应在春季进行。分割根茎时，应使每块具 2 ～ 3 个芽为好。及时分株可促进新侧芽的不断更新。如大量繁殖，可将新根茎分割下来，扦插于湿沙中，保持 20 ℃温度，2 个月内可生出不定芽。除分株繁殖外，还可播种繁殖。通常于秋天 9 月以后种子成熟后即播，播种后 2 ～ 3 年开花；若播种后冬季使之继续生长，则 18 个月就可开花。

依对水分及土壤要求不同，其栽培方法也有差异，现就以下两类加以说明：

①要求排水良好而适度湿润的种类：喜富含腐殖质的黏质壤土，并以含有石灰质的碱性土壤最为适宜，在酸性土中生长不良。栽培前应充分施以腐熟堆肥，并施油粕、骨粉、草木灰等为基肥。栽培距离依种类而异，强健种应 45 cm ～ 60 cm 左右。生长期追施化肥及叶面肥。

②要求生长于浅水及潮湿土壤中的种类：通常栽植于池畔及水边，花菖蒲在生长迅速时期要求水分充足，其他时期水分可相应减少些；燕子花须经常在潮湿土壤中才能生长繁茂。这一类不要求石灰质的碱性土壤，而以微酸性土为宜。栽植前施以硫铁、过磷酸钙、钾肥等作基肥，并充分与土壤混合。栽植时留叶 20 cm 长，将上部剪去后栽植，深度以 7 cm ～ 8 cm 为好。

此外，鸢尾还可进行促成栽培及切花栽培。如德国鸢尾在花芽分化后，于 10 月底进行促成栽培，夜间最低温度保持 10 ℃，并给予电灯照明，1 ～ 2 月份即可开花。抑制栽培时，于 3 月上旬掘起装箱，在 0 ～ 3 ℃下低温贮藏，若令其开花，则在 60 ～ 80 d 前停止冷藏，进行栽植即可开花。

园林用途：鸢尾种类多，花朵大而艳丽，叶丛也美观。一些国家常设置鸢尾专类园，如依地形变化可将不同株高、花色、花期的鸢尾进行布置。水生鸢尾类植物又是水边绿化的优良材料。此外，在花坛、花境、地被等栽植中也习见应用。一些种类（如德国鸢尾等）又是促成栽培及切花的材料，水养可观赏 2 ～ 3 d，球根类可水养 1 个月左右。某些种类的根茎可提取香精。

3．耧斗菜属

形态特征：毛茛科、耧斗菜属多年生宿根草本植物。本属植物约 70 种，分布于北温带，我国有 8 种，产西南及北部。叶基生和茎生，2 ～ 3 回 3 出复叶。花近直立，萼片 5 枚，如花瓣状，辐射对称，与花瓣同色。花瓣 5 枚，宽卵形，长距自花萼间伸向后方；雄蕊多数，内轮的变为假雄蕊；雌蕊 5 枚。花色丰富，有蓝色、黄色、粉色、白色、胭红色、淡紫色、复色等，花期 5 ～ 6 月。

生态习性：耧斗菜原产欧亚、美洲等地，性强健而耐寒，可耐 −25 ℃低温，华北及华东等地区均可露地越冬。喜富含腐殖质、湿润而排水良好的砂质壤土，宜较高的空气湿度，在半阴处生长及开花更好。

繁殖栽培：分株或播种繁殖。播种繁殖于春、秋季均可进行。2～3月可于冷室盆播，或4月在露地阴处直播。若9月上旬播种，次年有30%～40%开花；5～6月播种则次年着花更多，但露地育苗时，在7～8月应以苇帘遮阴。新采收的种子，在21～24 ℃下，在1～2周内发芽，但贮藏过的种子，播种前必须在4 ℃低温湿藏2～3周，在18 ℃、荧光照射下，21～28 d左右发芽。定植时以数株丛植一起效果为好。分株宜在早春发芽以前或落叶后进行。全光照促进植物开花；催花过程中，要求12～18 h光周期，最低光照强度为3 200～5 400 lx；光周期从10 h增加至18 h，植株高度增加2～3倍。保持土壤湿润，但水分过多，植株容易根腐。每次浇水时，施用200 mg/L氮肥和钾肥。温度从13 ℃增加至18 ℃，增高趋势不明显。喷施5 000 mg/L的B9，能够有效地控制植株高度。潜叶虫是主要的虫害，有时会发生蚜虫、蓟马等虫害。所以在低温、黑暗贮藏期间，应该摘除老叶。在栽培期间，容易发生茎腐病和根腐病，叶斑病也常发生。

园林用途：耧斗菜叶片优美，花形独特，品种多，花期长，从春至秋陆续开放，自然界常生于山地草丛间，其自然景观颇美，而园林中也可配置于灌木丛间及林缘。此外，又常作花坛、花境及岩石园的栽植材料。大花及长距品种又为插花之花材。部分品种可入药。

4．蜀葵

别名：熟季花、端午锦、一丈红、吴葵、卫足葵、胡葵、龙船花、麻杆花、棋盘花。

科属：锦葵科，蜀葵属。

形态特征：多年生草本，茎直立，株高1 m～3 m，全株被毛。叶大、互生，叶片粗糙而皱、圆心脏形，5～7浅裂，具长柄；托叶2～3枚、离生。花大、单生叶腋或聚成顶生总状花序，花径8 cm～12 cm；小苞片6～9枚，阔披针形，基部连合，附着萼筒外面；萼片5枚，卵状披针形。花瓣5枚或更多，短圆形或扇形，边缘波状而皱或齿状浅裂；花色有红、紫、褐、粉、黄、白等色，单瓣、半重瓣至重瓣；雄蕊多数，花丝连合成茧状并包围花柱；花柱线形，突出于雄蕊之上，花期6～8月。蒴果，种子肾脏形。

生态习性：原产中国，在中国分布很广，华东、华中、华北均有，华北地区可露地越冬。耐寒，喜阳，耐半阴，忌涝，要求排水良好的肥沃土壤。

繁殖栽培：通常用播种繁殖，也可进行分株和扦插。春播、秋播均可。种子成熟后即可播种，正常情况下种子约7 d就可以萌发。

分株宜在花后进行。适时挖出多年生蜀葵的丛生根，用快刀切割成数小丛，使每小丛都有两三个芽，然后分栽定植即可。扦插仅用于特殊优良的品种，利用基部发生的萌蘖，插穗长 8 cm，扦插于盆内，盆土以砂质壤土为好，插后置于阴处以待生根。

蜀葵栽培管理较为简易，幼苗长出 2 ～ 3 片真叶时，应移植 1 次，加大株行距。移植后应适时浇水，开花前结合中耕除草施追肥 1 ～ 2 次，追肥以磷、钾肥为好。播种苗经 1 次移栽后，可于 11 月定植。幼苗生长期，施 2 ～ 3 次液肥，以氮肥为主。同时经常松土、除草，以利于植株生长健壮。当叶腋形成花芽后，追施 1 次磷、钾肥。为延长花期，应保持充足的水分。花后及时将地上部分剪掉，还可萌发新芽。盆栽时，应在早春上盆。因种子成熟后易散落，应及时采收。栽植 3 ～ 4 年后，植株易衰老，因此应及时更新。另外，蜀葵易杂交，为保持品种的纯度，不同品种应保持一定的距离间隔。蜀葵易受卷叶虫、蚜虫、红蜘蛛等危害，干旱天气易生锈病，应及时防治。

植株上发生蜀葵锈病，其病原是锦葵柄锈菌。染病植株叶片变黄或枯死，叶背可见到棕褐色、粉末状的孢子堆。春季和夏季于植株上喷洒波尔多液防治，播种前应进行种子消毒。

园林用途：蜀葵花色丰富，花大而重瓣性强，一年栽植可连年开花，是院落、路侧、场地布置花境的好种源。可组成繁花似锦的绿篱、花墙，美化园林环境。园林中常于建筑物前列植或丛植，作花境的背景效果也好。此外还可用作盆栽观赏。花瓣中的紫色素，易溶于酒精及热水中，可用作食品及饮料的着色剂。茎皮纤维可作编织纤维材料，蜀葵的根、茎、叶、花、种子是药材，有清热凉血之效。

5．蓍草属

菊科宿根耐寒性草本。本属植物约 100 种，分布于北温带，我国有 7 种，多产于北部。叶互生，常为 1 ～ 3 回羽状深裂。头状花序小，伞房状着生，边缘花舌状、雌花能结实，有白、黄、紫等色；筒状花黄色、两性，也结实；瘦果压扁状。

形态特征：多年生草本，高 30 cm ～ 100 cm。根状茎匍匐，着生根和芽。茎直立、稍具棱，上部有分枝，密生白色长柔毛。叶披针形、矩圆状披针形或近条形，2 ～ 3 回羽状深裂至全裂，下部叶片长，上部叶片短，裂片及齿为披针形或条形，顶端有软骨质小尖，被疏长柔毛或近无毛，有蜂窝状小点。头状花序多数，密集成复伞状；总苞矩圆状或近卵状，总苞片 3 层，覆瓦状，绿色有中脉，边缘膜质；舌状花白色、粉红色或紫红色，舌片近圆形，顶端有 2 ～ 3 个齿；筒状花黄色矩圆形，无冠毛；花期 6 ～ 10 月。

生态习性：千叶蓍为喜凉爽而湿润环境条件的寒地型草坪植物，温带至寒温带各地都可生长。生长适宜温度为 18 ～ 22 ℃。抗寒性强，幼苗和成苗均

能忍受 -5 ～ 6 ℃的霜寒；北方各地均能安全越冬。在哈尔滨市 1985 年历史上少有的春寒中，经连续两天 -8 ℃的霜冻，除叶尖受害外别无损伤，表明是相当抗寒的。又较耐热，在南京中山植物园的花圃中，就是酷热也无夏枯现象发生。

千叶蓍为中生植物，适宜生长的年降水量为 500 mm ～ 800 mm。既抗旱，又耐湿，故从高岗地到低湿地都生长良好。充足的水分下叶茂花繁，叶色浓绿，绿色期更长，园林效果就更好。千叶蓍为喜光的植物，光照越足生长越好。在树丛或密草丛中由于光照不足，往往只生长簇叶，开花较少，并随着光照的进一步减弱而逐渐消失。又为长日照植物，在长日照条件下开花结实。

千叶蓍对土壤有较大的适应性，在瘠薄或肥沃的土壤、微酸性土壤至微碱性土壤中都可生长。以排水良好、多有机质的微酸性至中性土壤为最好。

在哈尔滨市，千叶蓍于 3 月下旬或 4 月上旬土壤解冻不久就返青，先生长簇叶，5 ～ 6 月抽葶，6 ～ 7 月开花成熟，10 月上、中旬地上部枯死。生育期为 200 ～ 210 d；绿色期为 190 ～ 200 d。

繁殖栽培：千叶蓍的生长发育要求有肥沃而疏松的土壤层，使根系很好地下扎和顺利伸延。因此，秋深耕地，翻后及时耙地保墒，是千叶蓍良好生长的基础。对于沙地、黄土地等土壤瘠薄的地块，要结合耕翻，施足基肥。在每亩优质粪肥 1 500 ～ 2 500 kg 的范围内，土壤越瘠薄，施肥越要多，以保证有旺盛的生命力。

6．*君子兰属*

形态特征：石蒜科常绿宿根花卉。根系肉质、粗大，叶基部形成假鳞茎。叶二列状交互迭生，宽带形，草质，全缘，深绿色。花葶自叶腋抽出，直立扁平；伞形花序顶生，下承托被覆瓦状苞片；花漏斗状，红黄色至大红色。浆果呈球形，成熟时紫红色。属有 3 种，原产南非。我国引入栽培有 2 种。

在我国人们常常根据来源、生物学及主要特征等，将我国君子兰分为国兰、改良兰、横兰、雀兰、垂笑兰、小型兰、花脸兰、鞍山兰、彩色兰（叶艺兰）和日本兰十大品系。

生态习性：原产非洲南部山地森林中，地处印度洋和大西洋交汇处，即南纬 30° 地区。这一地区冬无严寒，夏无酷暑，气候温和，雨量充沛，空气湿润，四季如春。君子兰的生长习性和各部器官，都适应了这种不冷不热、不旱不湿、凉爽通风的自然环境。所以君子兰性喜温暖湿润，宜半阴，生长适温 15 ～ 25 ℃，10 ℃以下生长迟缓，5 ℃以下则处于相对休眠状态，0 ℃以下会受冻害。30 ℃以上叶片徒长，花葶过长，影响观赏效果。生长期间应保持环境湿润，空气相对湿度 70% ～ 80%，土壤含水量 20% ～ 40% 适宜，切勿积水，尤其冬期室温低时，以免烂根。生长过程中不宜强光照射，特别是夏天，应置荫棚下栽培。要求疏松肥沃、排水良好、富含腐殖质的砂质壤土。君子兰类植物在东北、华北及华东地区以温室栽培为主，华南及西南地区则露地盆栽。大花君子兰每年可开花 1 次或 2 次，第 1 次在春节前后，一个花序可开放 30 多天；第 2 次在 8 ～ 9 月，只有一部分植株能开两次花。植株寿命约 20 ～ 25 年。

繁殖栽培：常采用播种法与分株法繁殖。为异花授粉植物，经人工授粉可提高结实率，且能进行有目的的品种间杂交，以选育新品种。授粉后经 8 ～ 9 个月，果实成熟变红，剥出种子稍晾即可播种。室温 10 ～ 25 ℃，约 20 d 生根，40 d 抽出子叶，待生出 1 片真叶后进行分苗，第二年春天上盆，用腐叶土 5 份、壤土 2 份、河沙 2 份、饼肥 1 份混合而成。因为根系粗壮发达，宜用深盆栽植，盆底需填碎盆片和石砾等排水物以利排水。冬天移入温室内栽培，温度保持 10 ℃左右，予以适当干燥，促其逐渐进入半休眠状态，夏天置室外荫棚下培养，将盆底用砖或花盆垫起。生长期每半月追施液肥 1 次，盛夏炎热多雨，施肥容易引起根部腐烂，故需停止施用。宜向叶面经常喷水，但要注意加强通风。在开花前应追施磷肥，以使花繁色艳。一般 4 ～ 5 年开花，若管理得当，3 年即可开花，分株繁殖宜在 3 ～ 4 月时进行，将母株叶腋抽出的吸芽切离，另行栽植或插入沙中，生根后上盆。

园林用途：君子兰属植物花、叶、果兼美，观赏期长，可周年布置观赏。傲寒报春、端庄素雅，深受人们喜爱。是布置会场、楼堂馆所和美化家庭环境的名贵花卉。全国各地普遍栽培。

7. 鹤望兰

别名：天堂鸟、极乐鸟花。

科属：旅人蕉科，鹤望兰属。

形态特征：多年生草本花卉。根茎粗大，肉质，能贮存大量水分和养分，叶片颇似芭蕉。鹤望兰具有不明显的半木质化短茎，短茎的地上部分为叶鞘套摺，地下部分着生肉质根，叶为单叶互生，4 ～ 9 月开花。鹤望兰的花，为佛焰苞状的总苞花序，总苞内有花 5 ～ 9 朵，单花有花柄，长柄上开出奇特的花朵，窄披针形，3 枚萼片为深橘红色，外 3 枚花瓣为橘红色或橙黄色，内 3 瓣为天蓝色，宛若仙鹤延颈遥望之姿。花朵中心有雄蕊和花柱，雌蕊在花舌前部。3 室。胚珠多枚。果实为蒴果。

生态习性：鹤望兰，原产南非，不耐寒，性喜温暖湿润的气候和光照充足的环境，在深厚肥沃、排水又好的黏性土壤中生长最好。

鹤望兰不耐寒冷，冬季温室的温度应保持在 13 ～ 18 ℃之间，最低不得少于 8 ℃。鹤望兰的最适宜生长的温度为 16 ～ 25℃，在这样的温度条件下，它不但可以全年开花，而且花大色艳，观赏价值极高。鹤望兰忌高温酷热，超过 30 ℃时，就很少开花。35 ℃以上或者 10 ℃以下，便停止生长。鹤望兰在漫长的夏季，喜欢散射光照，在烈日暴晒下，叶片会黄化或灼伤，所以最好置于略有花荫，或者半阴半阳、通风良好的环境莳养，减少 50% 的强光照；秋冬季节宜置于阳光充足的环境中养，否则植株细弱，蘖芽萌发少，生长发育不正常。

繁殖栽培：鹤望兰一般不易产生种子，若要进行有性繁殖，必须采取人工授粉的方法进行育种。

鹤望兰的种子成熟后，可随采随播，种子生长发育的温度为 25 ～ 30 ℃，一般经过 30 d 以上的发育过程，新鲜的种子便可萌发新芽。幼苗出土后，揭去玻璃，移至有光照的地方，便于幼苗接受光照，促进健壮生长。当幼苗长到 5 cm ～ 7 cm 时，便可进行分栽，大约经过 3 ～ 4 年的精心养护，鹤望兰才能开花。

鹤望兰分株繁殖，除去高温的 7 ～ 8 月外，其余时间都可进行。但是，最佳的分株时间是在春季的 3 ～ 4 月和秋季的 9 ～ 10 月。

鹤望兰，性喜温暖湿润的气候，它最适宜的生长温度为 16 ～ 25 ℃。它怕干旱，更怕水渍。夏季要在凉爽半阴半阳的光照条件下，度过酷暑炎热的夏天。秋冬季节，又需要充足的阳光照射，才能生长良好。鹤望兰喜肥，营养生长期，每星期施 1 次腐熟的饼类肥料，浓度为 1 ：10 或 1 ： 8，开花前追施磷钾肥料，必要时追施 2 ～ 3 次速效复合化肥。

园林用途：鹤望兰花叶并美，叶大色鲜，花态秀雅，端庄大方，花色红蓝相间，瑰丽多彩。盛开时颇有仙鹤昂首远眺之姿，故名“鹤望兰”；又因它具有火焰般的鲜艳花朵，色彩极为美丽，好似快乐的彩雀，故而又有“极乐鸟花”的美称。实为大自然中罕见的形象逼真的禽类花卉。宜庭园、花坛栽培，系高档切花，也是大型高档盆栽花卉。

8．四季秋海棠

别名：瓜子海棠。

形态特征：秋海棠科、秋海棠属多年生常绿草本植物。具须根。茎粗壮直立，肉质，多分枝，光滑；单叶互生，有光泽，卵圆形至广椭圆形，边缘有锯齿，叶基部偏斜。绿色、古铜色或深红色；聚伞花序腋生，花单性，雌雄同株，花具白、粉和红等色。雄花较大，花瓣 2 片，宽大；萼片 2 片，较窄小。雌花稍小，花瓣 5 片。蒴果呈三棱形，内含多数微细的种子，千粒重 0.11g。

生态习性：四季秋海棠虽为多源杂种，但主要原种皆原产南美巴西。喜温暖，不耐寒，生长适温 20 ℃左右，低于 10 ℃生长缓慢。适宜空气湿度较大、土壤湿润的环境，不耐干燥，亦忌积水。喜半阴环境，夏季不可放在阳光直射处，要适当遮阴。开花不受日照长短的影响，只要在适宜的温度下，就可四季开花。四季秋海棠适生于疏松肥沃、排水性、通气性良好的土壤，pH 值 5.5 ～ 6.5 为宜。

繁殖栽培：可用播种、扦插和分株等方法繁殖。

以播种法应用最多。因播种苗分枝性强，容易培育成株形丰满的盆花，而且叶色鲜绿光亮，花后剪去花枝，又可萌发新枝继续开花数月。而且种子易得，繁殖方便。而扦插法成苗后，分枝性弱，株形不丰满，繁殖系数又低，故除重瓣品种外，一般不采用扦插繁殖。分株繁殖更少见应用。

矮壮素能够有效地控制四季秋海棠的高度。当幼苗形成 4 片真叶后，白花品种喷施 500 mg/L 的矮壮素；其他花色品种则施用 1 000 mg/L 的矮壮素。B9 对控制四季秋海棠的高度也有效。用昼夜温差（dIF）控制其高度有一定的作用。

园林用途：四季秋海棠是目前栽培最普遍的秋海棠。它不受日照长短影响，可以四季开花；植株低矮，株形圆整，盛花时植株表面可全为花朵所覆盖；对阴天、强光等不良气候条件，有较强的抗性；花色有白、粉、红等，色彩鲜明；病虫害很少，容易栽培。四季秋海棠是夏季花坛的重要材料，又是很受欢迎的盆花，因此在世界上进行大量生产。秋海棠属花卉皆作盆花观赏，花、叶均极美丽。

三、球根花卉

（一）球根花卉的类型

球根花卉属多年生草本花卉，其地下部分发生变态的根或茎是贮藏营养的器官，可用于繁殖。球根花卉为多年生草本花卉，其地下器官变态肥大，其根或茎在地下形成球状物或块状物，这类花卉统称为“球根花卉”。球根花卉都具有地下贮存器官，这些器官可以存活多年，有的每年更新球体，有的只是每年生长点移动来完成新老球体的交替。

大多数球根花卉都有休眠期，依原产地的气候条件，主要是因雨季不同而异。有少数原产于热带的球根花卉没有休眠期，但在其他地方栽培，有强迫休眠现象，如美人蕉、晚香玉等。

1. 春植类球根花卉

春植类球根花卉原产南非一带，此地夏季多雨、冬季干旱。于春天栽植，夏季或秋初开花，秋季休眠，直至翌年春季。花芽分化一般在夏季生长期进行。夏季开花的有球根海棠、花叶芋、美人蕉、唐菖蒲、百合、姜花、晚香玉、睡莲、荷花等；秋季开花的有仙客来、石蒜、大丽花、秋水仙等。

2. 秋植类球根花卉

秋植类球根花卉原产地中海沿岸一带，此地冬季多雨、夏季干旱。此类花卉于 8 月中旬至 10 月初种植，冬季前生出根系，幼芽开始萌动，但一般不出土，冬季经受低温锻炼，通过春化阶段，翌春温度回升后，迅速生长，开花。夏初地上部茎叶枯黄凋萎，进入休眠期。花芽分化一般在夏季休眠期进行。在球根花卉中占的种类较多，如水仙、郁金香、风信子、花毛茛等。也有少数种类花芽分化在生长期进行，如百合类。

另外，一切球根花卉，稍做人工促进或控制即可于冬季开花，保证新年或春节的供应。秋季开花者延后栽培，春季开花者提前促进栽培，均可达此目的。如仙客来、球根秋海棠、石蒜可延后栽培，水仙、风信子、郁金香可提前栽培。

（二）常见品种

1．郁金香

别名：洋荷花、草麝香。

科属：百合科郁金香属。

产地：原产地中海沿岸和亚洲中部与西部。欧洲广泛栽培，以荷兰最盛。我国各地均有栽培，主要以新疆、广东、云南、上海、北京为主。

形态特征：多年生草本，地下鳞茎偏圆锥形，直径约 3 cm，被淡黄色至褐色皮膜。株高 40 cm ～ 60 cm。茎叶光滑、被白粉。叶 2 型，基叶 2 ～ 3 枚，卵状宽披针形；茎生叶 1 ～ 2 枚，披针形，均无柄。花单生茎顶，直立，花被 6 枚，抱合呈杯状、碗状、百合花状等。雄蕊 6 枚，子房上位。花期 4 ～ 5 月，呈红、橙、黄、紫、黑、白或复色，有时具有条纹和斑点，或为重瓣。蒴果，种子扁平。

生态习性：喜光，喜冬暖夏凉的气候。耐寒力强，冬季球根能耐 –35 ℃的低温；生根需在 5 ℃以上。要求疏松、富含腐殖质、排水良好、pH 值为 6.5 ～ 7.5 的土壤最适。

繁殖：用分球和播种繁殖，主要以分球繁殖为主。9 ～ 10 月进行分球栽植，发育成熟的大球翌春即能开花。小鳞茎需培育 3 ～ 4 d 形成大球之后才能开花。用种子播种育苗，初生苗经 4 ～ 5 d 的培育，地下部才能发育成大球，通常用于杂交育种。

栽培管理：一般秋季地栽，早春茎叶出土，不久进入花期。初夏休眠。园地必须向阳避风、土层深厚、疏松，施足基肥。秋季将种球植入园地，覆土厚度为种球高的 2 倍，株行距 15 cm ～ 20 cm，适当灌水。当种球长出 2 枚叶片时，追施 1 次磷钾液肥；花后剪去残花，减少养分消耗，利于新球、子球的形成。地下形成新球 1 ～ 3 个和 4 ～ 6 个子球。约 6 月茎叶黄枯后，掘出鳞茎，贮于阴凉通风处，此时充实的新球进入花芽分化。花芽分化的适宜气温为 20 ～ 23℃。秋季将种球定植于园地。由于每株只长 1 朵花，适当密植，才能形成景观。若在秋季提前用低温处理郁金香鳞茎，可使其提早开花。

园林用途：郁金香植株矮小，花型美丽，色泽娇艳，是世界著名的观赏花卉，主要用作切花，也可用于布置花坛、花境，美化庭院。郁金香花期早，花色艳丽，在世界各地广为栽培。宜作花境丛植及带状布置，或点缀多种植物花坛之中。高型品种是做切花的好材料。

2．风信子

别名：洋水仙、五色水仙。

科属：百合科风信子属。

产地：原产于南欧地中海东部沿岸及小亚细亚半岛一带，栽培品种极多，现在世界上荷兰分布最多，中国各地均有栽培。

形态特征：鳞茎球形或扁球形，外被有光泽的皮膜，其色与花色有关，有紫蓝、淡绿、粉或白色。株高 20 cm ～ 50 cm，叶基生，4 ～ 8 枚，带状披针形，端圆钝，质肥厚，有光泽。花序高 15 cm ～ 45 cm，中空，总状花序密生其上部，着花 6 ～ 12 朵或 10 ～ 20 朵；小花具小苞，斜伸或下垂，钟状，基部膨大，裂片端部向外反卷；花色原为蓝紫色，有白、粉、红、黄、蓝、堇等色，深浅不一，单瓣或重瓣，多数园艺品种有香气。花期 4 ～ 5 月。蒴果球形，果实成熟后背裂，种子黑色，每果种子 8 ～ 12 粒。

生态习性：喜阳光充足和比较湿润的环境，要求排水良好和肥沃的砂质壤土。较耐寒，在冬季比较温暖的地区秋季生根，早春新芽出土，3 月开花，5 月下旬果熟，6 月上旬地上部分枯萎进入休眠期。

繁殖：以分球繁殖为主，育种时用种子繁殖，也可用花芽、嫩叶作外植体，繁殖风信子鳞茎。母球栽植 1 d 后分生 1 ～ 2 个子球，也有些品种可分生 10 个以上子球。可用于分球繁殖，子球繁殖需要 3 d 开花。种子繁殖，秋播，翌年 2 月才发芽，实生苗培养 4 ～ 5 d 后开花。

栽培管理：风信子应选择排水良好、不太干燥的砂质壤土为宜，中性至微碱性，种植前要施足基肥，大田栽培，忌连作。栽培方法有露地栽培，盆栽，水培和促成栽培。

园林用途：风信子姿态娇美，花色艳丽多彩，清香宜人，花色有花卉中少见的蓝色，是早春开花的著名球根花卉，为欧美各国流行甚广的名花之一。适于布置花坛、花境和花槽，也可做切花、盆栽水植。

3．水仙

别名：冰仙、天葱、雅蒜、玲珑花。

科属：石蒜科水仙花属。

产地：水仙原产中国，在中欧、地中海沿岸和北非地区亦有分布，中国水仙是多花水仙的一个变种。

形态特征：多年生草本植物。鳞茎卵状至广卵状球形，直径 3.2 cm ～ 5.8 cm，由多数肉质鳞片组成，外被棕褐色皮膜。叶狭长带状，长 30 cm ～ 80 cm，宽 1.5 cm ～ 4 cm，全缘，面上有白粉。花葶自叶丛中抽出，高于叶面；

一般开花的多为 4 ～ 5 枚叶的叶丛，每球抽花 1 ～ 7 支，多者可达 10 支以上；伞形花序着花 4 ～ 6 朵，多者达 10 余朵；花白色，芳香；花期 1 ～ 3 月。

生态习性：性喜温暖、湿润的气候，忌炎热高温，喜水湿，较耐寒。水仙为秋植球根花卉，具有秋冬生长、早春开花并贮藏养分、夏季休眠的习性，休眠期在鳞茎生长部分进行花芽分化。

繁殖：可以采用播种、分球、分切鳞茎、组织培养等方法繁殖。分切鳞茎：将母球纵切成 8 ～ 16 块，将其进一步切成 60 ～ 100 个双鳞片，把双鳞片放置在湿润的基质上，覆盖湿润的蛭石，保持温度 20 ℃，大约 90 d 形成子球，子球开花大约需要 3 ～ 4 d；自然分球，将子球从母球上分离下来，在 4 d 期间，大约形成 3 ～ 4 个开花球。种子繁殖一般在培育新品种时采用。

园林用途：水仙类株丛低矮清秀，花形奇特，花色淡雅、清香，自古以来为人们所喜爱。既适宜室内案头、窗台摆设，又适宜园林中布置花坛、花境；也适宜疏林下、草坪上成丛成片种植。水仙类花朵水养持久，为良好的切花材料。

4．番红花

别名：西红花。

科属：鸢尾科番红花属。

产地：主要分布在欧洲、地中海和中亚等地，明朝时传入中国，现为中国各地常见栽培。

形态特征：多年生草本植物。地下具扁圆形或圆形的球茎，肉质。球茎外围有纤维质或膜质外皮包裹。栽植后，球茎顶部有数个芽萌发，形成 3 ～ 6 个分蘖。分蘖的顶芽部位营养条件良好，可抽出单生花茎，每一分蘖有花 1 ～ 2 朵，每朵花期 2 ～ 3 d。花形呈酒杯状，昼开夜合，上午 10 时左右开花最盛。花具花被 6 枚，花径 4 cm ～ 6 cm，有细长的花筒，花柱细长，伸出花筒外，柱头有 3 深裂，花柱与柱头是主要的药用部分。花色有白、黄、雪青、紫红、深紫等。春花种主要花期在 3 ～ 4 月，秋花种一般在 10 ～ 11 月开花，早花品种在 8 ～ 9 月即开花。

生态习性：喜冷凉湿润和半阴环境，较耐寒，宜排水良好、腐殖质丰富、pH 值为 5.5 ～ 6.5 的砂质壤土。雨涝积水，球茎易腐烂。球茎夏季休眠，秋季发根、萌叶。

繁殖：主要采用子球进行无性繁殖。每年在老球的顶端形成一个新球，并从外伸的侧芽上产生数个子球，成为繁殖种球最主要的材料，也可以种子繁殖，从播种到开花，大约需要 30 ～ 40 d。

园林用途：番红花植株矮小，叶丛纤细，花朵娇柔优雅，开放甚早，是早春庭院点缀花坛或边缘栽植的好材料。可按花色不同组成模纹花坛，也可三五成丛点缀岩石园或自然布置于草坪上，还可盆栽或水养供室内观赏。

5. 铃兰

别名：草玉铃、君影草。

科属：百合科铃兰属。

产地：原产于北半球温带，欧洲、亚洲与北美洲和中国的东北、华北地区，海拔 850 m ～ 2 500 m 处均有野生分布。

形态特征：地下部分具平展而多分枝的根茎。叶基生，常 2 枚，具弧形脉，基部有数枚套叠状叶鞘。花茎从叶旁边伸出；总状花序，花小白色，铃状下垂，有浓郁的香气。浆果球形，红色。

生态习性：性喜凉爽湿润和半阴的环境，在温度较低的条件下，阳光直射也可繁育开花。极耐寒，忌炎热干燥，气温 30 ℃以上时植株叶片会过早枯黄，在南方须栽植在较高海拔、无酷暑的地方。喜富含腐殖质、湿润而排水良好的砂质壤土，忌干旱。喜微酸性土壤，在中性和微碱性土壤中也能正常生长。夏季休眠。

繁殖：繁殖一般都用分株法，其根茎上有大小不等的幼芽，在秋季地上部枯萎后将株丛掘起，每个顶芽带一段根茎剪切下来栽植，就能成一新株。

园林用途：铃兰植株矮小，花芳香怡人，优雅美丽，开花后绿荫可掬，入秋时红果娇艳，是传统的园林花卉，宜植于稀疏的树荫下，如与鸢尾、紫萼等耐阴花卉相配，更能收到良好效果。铃兰不但素雅，而且性较强健，可点缀于花境、草坪、坡地以及自然山石旁和岩石园中，悠悠清香弥漫在空气中，能营造祥和宁静的气氛。铃兰还可以做切花或盆栽欣赏。

第三节　园林草坪与地被植物识别与观赏

一、园林常见草坪植物

（一）羊胡子草

莎草科，苔草属。冷地型草种。多年生，具细长横走的地下茎，茎基部黑褐色。茎为三棱形，高 10 cm ～ 15 cm。叶基生成束，纤细浓绿。穗状花序灰白色，雌雄同穗顶生，颖大广卵形。果囊卵状披针形。小坚果宽椭圆形，长约 2.5 mm。花果期 5 ～ 6 月。常见于辽宁、华北、山东、河南及西北等地区山坡、河边及空地；分布于我国北部及北半球的温寒地带；生于干燥山坡或旷野。耐寒性强，耐瘠薄，抗旱性好；不耐热，夏季生长不良；覆盖性较差，且不耐践踏；绿色期长，但与杂草竞争力弱。可用作观赏和装饰性草坪，又可用作人流量不多的公园、游乐场所和居住区的绿化材料。

（二）异穗苔草（大羊胡子草，黑穗莎草）

莎草科，苔草属。冷地型草种。多年生，具有横走的细长根状茎。杆棱柱形，纤细。叶片从基部生出，短于杆，基部具褐色叶鞘。穗状花序卵形，具有小穗 3 ～ 4 个，上部 1 ～ 2 枚为雄性，其余为雌花，狭圆柱形。果囊卵形至椭圆形，膨大呈三棱形，橙黄色，后变褐色。小坚果倒卵形，长 2.5 mm ～ 3.0 mm，具 3 棱。花期 4 ～ 6 月。常生于河滩、路边、林下等潮湿之处。分布于我国北部及朝鲜北温带地区。我国东北、华北及山东、河南、陕西、甘肃等地区均有其野生资源。喜冷凉气候，耐寒、耐阴能力强。绿色时间长，对土壤适应能力强，能耐盐碱土。能耐潮湿，不耐低剪及践踏。常用作封闭式草坪，栽植于乔木之下、建筑物背阴处以及花坛、花境的边缘。

（三）草地早熟禾

禾本科，早熟禾属。冷地型草种。多年生，具疏根状茎及须根。茎秆直立，光滑，呈圆筒形，高 50 cm ～ 75 cm。叶鞘疏松抱茎，具条状纹。叶片条形，柔软，宽 2 mm ～ 4 mm。圆锥花序开展，长 13 cm ～ 20 cm，分枝下部裸露，小穗长 4 mm ～ 6 mm，具 3 ～ 5 小花。颖果，种于纺锤形，具 3 棱。目前各地应用于园林草坪上的栽培品种有 20 余种，我国常用的有“瓦巴斯”（Wabasn）、“肯特基兰草”（Kentucky Bluegrass）、“菲尔京”（Fylkine）、“爱肯妮”（Elkins）等优良品种，表现良好。原产于北温带地区，常见于河谷、草地、林边等处。我国东北及河北、甘肃、内蒙古、江西、四川均发现有丰富的野生资源分布。适宜气候冷凉，湿度较大的地方生长，抗寒能力强，在 -30 ℃寒冷地区也能安全越冬；耐旱性、耐热性较差；要求排水良好、质地疏松、有机质丰富的土壤，在含石灰质较多的土壤上生长更为旺盛；根状茎繁殖迅速，再生能力强；较耐践踏。草地早熟禾在国外草坪上广泛应用于各类绿地中，与其他冷地型草种混合栽培。我国广泛应用于公园、机关、学校、工厂、医院、疗养院、居住区等处，也可用于运动场草坪。

（四）匍匐剪股颖

禾本科，剪股颖属。冷地型草种，多年生草本植物。匍匐茎平卧地面，茎高 15 cm ～ 25 cm，有 3 ～ 6 节匍匐枝，节着地生根，须根多而弱。叶片扁平，线形，先端尖细。原产美国俄勒冈州，20 世纪 80 年代自日本引入我国后，在北方分布较广。喜冷凉、潮湿环境，耐寒性和耐阴性较强，与杂草竞争能力也强，不耐炎热干旱和盐碱土壤；具有一定耐修剪、耐践踏能力；繁殖容易、生长迅速，容易形成厚实草层，但易出现“毡化”现象和滋生病虫害。可用作观赏草坪及运动场草坪。

（五）匍茎剪股颖

禾本科，剪股颖属。冷地型草种。多年生，植株基部平卧地面，只长达 8 cm 的匍匐状，节上生根。叶鞘无毛，稍带绿色。叶片扁平线形，先端渐尖，长 15 cm，两面具小刺毛，粗糙。圆锥形花序老后呈紫铜色，长 11 cm ～ 20 cm，每节具 5 分枝。颖果，种子长约 1 mm，宽 0.4 mm，黄褐色。花期 6 ～ 8 月。常见于湿润的草地内。分布于欧亚大陆和北美的温带地区。我国甘肃、河北、浙江、江西、陕西等省均有分布。喜冷凉气候，喜潮湿，不耐炎热，耐寒性强，抗旱能力差；耐频繁低剪；在肥沃湿润、排水良好的土壤上生长良好，在质地黏重土壤上也能生长。用于游憩草坪、运动场草坪和地下水位较高的潮湿处。

（六）小糠草（红顶草、糠穗草、白剪股颖）

禾本科，剪股颖属。冷地型草种。多年生，茎丛生，具细长根状茎。秆直立，高达 90 cm ～ 130 cm。叶鞘无毛，多短于节间。叶片扁平，长 17 cm ～ 32 cm，宽 3 cm ～ 7 mm，边缘和下部有小刺毛。圆锥花序呈尖塔形，疏松开展，草绿色或带紫红色，抽穗期顶上呈一层鲜艳美丽的紫红色，每节具多数簇生分枝，基部开始着生小穗，小穗长 2.0 cm ～ 2.5 cm，无芒，基盘两侧有短毛。颖果长椭圆形，色黄褐。花期 6 ～ 9 月。原产北美，我国内蒙古、河北、山东、湖北、四川、陕西及东北等地均有分布。多生长在潮湿的山坡或山谷等处。适应性强，耐寒，亦能抗热，喜湿润土壤，也能耐旱；对土壤条件要求不高，以黏壤土及壤土为佳，在较干的沙土上亦能生长；不耐阴。用于路旁、沟边、公园等固土护坡草坪，多用于混播草坪。

二、园林常见地被植物

（一）二月蓝（诸葛菜、菜子花）

十字花科，诸葛菜属。株高 20 cm ～ 70 cm。茎直立，无分枝。叶羽状深裂，基部心形，叶缘有钝齿；上部叶基抱茎呈耳状。总状花序顶生，着生 5 ～ 20 朵，花瓣中有细脉纹，花多为蓝紫色或淡红色，随花期延续，花色逐渐转淡，最终变为白色。花期 4 ～ 5 月，果期 5 ～ 6 月。原产东北、华北，现全国各地均有栽培。适应性、耐寒性强，对土壤要求不高，在肥沃、湿润、阳光充足的环境下生长健壮，在阴湿环境中也表现出良好的性状；耐阴性强。适于片植，也可配植在草坪一角，又适合于路边栽种、山石园石旁丛植。

（二）红花酢浆草（三叶草、铜锤草）

酢浆草科，酢浆草属。常绿或半常绿多年生草本；植株丛生，仅 20 cm ～ 30 cm，叶基生，有长柄，三出复叶，小叶倒心脏形。花自叶丛抽生，数朵成伞房花序，花瓣 5 枚，基部连合，玫瑰红、浅紫红色或粉红色。花期 4 ～ 10 月。花朵在强光下开放，弱光下闭合。

主要栽培品种：

①“大花”酢浆草：具肉质半透明的球形根，高 15 cm，花玫瑰紫色，花大，花径 4 cm。

②“九叶”酢浆草；地下茎横生，具鳞茎，高 15 cm 左右，小叶 9 枚或更多，二浅裂，通常呈两轮生于叶柄顶端，花白色芳香。

③“山酢浆草”：小叶 3 枚，呈倒三角形，花玫瑰紫色。

④“腺叶”酢浆草，茎基部似鳞茎，根出叶数量多，小叶约 12 枚生于柄顶，倒心形，墨绿色或银绿色。花淡紫色或粉红色，呈铃形。

原产巴西及南非，我国各地普遍栽培。喜向阳、温暖、湿润的环境，夏季炎热地区宜半阴，抗旱能力较强，不耐寒，长江以南可露地越冬，喜阴湿环境；对土壤适应性较强，一般园土均可生长，但以腐殖质丰富的砂质壤土生长旺盛，夏季有短期的休眠。绿地、花坛成片栽培，也可路边及山石园石边丛植。

（三）菊花脑

菊科，菊属。多年生草本植物。根系较发达，一般株高 25 cm ～ 100 cm。茎直立、半木质化，枝条细长，分枝性强。叶卵圆形或长卵圆形，长 3 cm ～ 4 cm，宽 1.0 cm ～ 2.5 cm，叶缘具粗锯齿或羽状深裂，表面绿色，背面淡绿色。头状花序，数个聚生或单生，花黄色，瘦果，种子褐色细小。花期 10 ～ 12 月。原产我国，江苏、南京一带广泛分布。耐寒怕热，华北地区可露地越冬；耐旱，忌涝；对土壤适应性强，较喜欢砂壤土。良好的观花地被植物，盛花期正是百花凋零的深秋季节，一片金黄色小花，更显妖艳。适宜在林缘和光照较好、不积水的封闭性树坛内成片栽植。

（四）马蹄金（荷包草、铜钱草）

旋花科，马蹄金属。多年生草本植物。植株低矮，须根发达，具较多的匍匐茎，节间着地生根，全株仅高 5 cm ～ 15 cm。叶片扁平，基生于根部，具细长叶柄，肾形，外形大小不等，表面无毛，直径仅 1 cm ～ 3 cm，背面密被贴生丁字形毛，全缘。花冠钟状黄色、深 5 裂，裂片长圆状披针形，夏秋开花。果近球形，种子黄至褐色，被毛。花期 4 月，果期 7 月。中国南方各省分布较广，陕西、山西等省有引种栽培。喜光照充足及温暖湿润气候，对土壤要求不严，但在肥沃之地生长旺盛；对温度适应性强，能耐一定的低温及高温，也较耐旱，耐践踏。应用于小面积花坛、花境及山石园，做观赏草坪栽培，也可用它布置庭园绿地及小型活动运动场地。

（五）石蒜

石蒜科，石蒜属。多年生草本。其鳞茎肥厚广椭圆形，外被紫色膜质。叶片宽线形，冬天开始抽叶，夏初枯萎。花茎高 30 cm ～ 50 cm，5 ～ 7 朵聚生于顶端成伞形花序，鲜红色，花被筒短，裂片长，边缘多皱，向后反卷，雌雄蕊伸出花被外许多。花期 7 ～ 9 月。

主要栽培品种：

①“忽地笑”：鳞茎大，呈球形，叶宽线形，花茎高 30 cm ～ 60 cm，花大，黄色。

②“鹿葱”：鳞茎近球形，叶浅绿色，阔线形，花粉红、雪青，红色等，稍有芳香。

③“白花”石蒜：花被片呈白色。原产中国，分布于长江流域及西南各省。喜阳，也耐半阴，喜湿润，耐干旱，稍耐寒，宜排水良好、富含腐殖质的砂质壤土。是布置花境、假山、岩石园和林下地被的良好材料。可种植在庭园、草坪边缘、林旁、疏林下或成片种植；也可作路边、花坛等镶边植物或点缀于岩石缝隙。

（六）薄荷

唇形科，薄荷属。多年生草本植物。植株高达 30 cm 以上。茎直立，四棱形，多分枝。叶对生，长圆状披针形至长圆形，疏生粗大锯齿。轮伞花序，腋生，花筒状钟形，花冠淡紫色或青紫色，唇形。花期 7 ～ 10 月。产于北半球温带地区，我国各地均有野生和栽培。薄荷喜温暖和阳光充足、雨量充沛的环境；土壤以疏松肥沃、排水良好的沙土为好；喜湿润。在阳光充足处群植或丛植。

第二章　风景园林植物与环境的关系

第一节　风景园林植物与环境

风景园林植物与其他植物一样，都生存在地球上的某一空间，我们称这个空间为“环境”。风景园林植物的生长发育除源于自身的遗传特性外，还取决于所生存的环境。因此，了解并掌握风景园林植物与其生存环境之间的关系尤为重要。

一、植物环境与生态因子

（一）植物环境

植物环境是指植物生活空间的外界条件的总和。它不仅包括对植物有影响的各种自然环境条件，还包括生物对植物的影响和作用。植物环境可分为自然环境和人工环境两种。

1．自然环境

自然环境是植物出现以前就存在的环境，是直接或间接影响植物的一切自然形成的物质、能量和现象的总体，它对植物有根本性的影响。自然环境又包括非生物环境和生物环境两部分。非生物环境按范围大小可分为宇宙环境、地球环境、区域环境、生境、小环境、内环境等。生物环境指影响植物生存的其他植物、动物、微生物及其群体。它们在空间上相互联系，不可分割。

①宇宙环境：包括地球在内的整个宇宙空间，主要指宇宙环境中太阳对地球植物的影响。

②地球环境：主要指大气圈、水圈、岩石圈和土壤圈四个自然圈。在这四个圈层的界面上，构成了一个具有生命活力和再生产能力的生物圈。该生物圈的范围与生物分布的幅度一致，上限可达海平面以上 10 km 的高度，下限可达海平面以下 12 km 的深度。植物层是这个生物圈的核心部分。

③区域环境：大气、水、岩石和土壤这四个自然圈在地球表面的不同地区互相配合的情况差异很大，造就了江河湖海、陆地、冰川、平原、高原、高山、丘陵等不同的区域环境，进而也就形成了如森林、草原、荒漠、苔原、湿

地等各类植物群落类型。

④生境：指植物具体生存于其间的小环境，它是由各种环境因子综合作用与影响植物及其群体生长发育和分布所构成的。如阳坡生境，适合于桦树、杨树等生长；阴坡生境，适合于云杉、冷杉等生长。

⑤小环境：又称微环境，是相对自然环境、区域环境等大环境单元而言的，直接接触被研究的主体或与主体某一部分有关的局部环境条件。如植物根际环境，叶表面的温、湿度和气流变化，农田作物株间、行间的小气候状况等，都可看成是一种小环境。

⑥内环境：指植物体内部的环境，各个组成部分如叶片、茎干、根系等的内部结构。内环境中的温度、湿度、二氧化碳和氧气的供应状况，影响着细胞的生命活动，对植物的生长和发育起着非常重要的作用。

2．人工环境

人工环境指人类创建或受人类强烈干预的环境，有广义和狭义之分。广义的人工环境包括所有的栽培植物及其所需的环境，以及人工经营管理的植被等；还包括自然保护区内的一些控制、防护措施等。狭义的人工环境，则指的是完全由人工控制下的植物生长环境，如人工温室、人工气候室等。

（二）生态因子

1．生态因子的概念

环境中所包含的各种因子中，对植物的生长、发育、繁殖、行为和分布有着直接或间接影响的环境要素，称为“生态因子”。在生态因子中，对植物的生存不可或缺的环境条件称为植物的生存条件。

在任何一个综合性的环境中，都包括多种生态因子，其性质、特性、强度等各不相同，这些不同的生态因子之间彼此联系，相互制约，从而形成了各种各样的生态环境，为植物多样化的生存提供了更多的可能性。

2．生态因子的分类

根据因子的性质，通常可以划分为五大类：

①气候因子：如温度、光照、水分、空气、雷电等。

②土壤因子：包括土壤结构、理化性质及土壤生物等。

③生物因子：指与植物发生相互关系的动物、植物、微生物及其群体。

④地形地势因子：如海拔高低、坡度坡向、地面的起伏等。

⑤人为因子：指对植物产生影响的人类活动。

在这五大因子中，气候、土壤、生物因子是风景园林植物赖以生存的主要因子。有的因子并不直接作用于植物，而是间接地发挥作用，如地形因子，它是通过坡度、坡向、地面起伏等变化引起热量、水分、光照、土壤等的变化，进而影响到植物的变化，因此把这些因子称为“间接因子”。此外，人类活动对风景园林植物的影响也不容忽视。正确了解和掌握风景园林植物与环境的辩证统一关系，对风景园林植物的规划设计具有重要意义。

3．生态因子的系统分析

虽然环境是由各种生态因子的相互作用和联系形成的一个整体，但各个生态因子对环境的作用又各不相同。因此，要认识植物的环境就必须掌握生态因子的分析方法。

①综合作用：环境中的各生态因子间相互影响、联系紧密，它们组合成一个整体，对植物的生长发育起着综合的生态及生理作用。

②主导生态因子：对植物的生态、生理综合影响中，有的生态因子处于主导地位或在某个阶段中起着主导作用。对植物的生命周期来讲，主导因子不是固定不变的。

③生态因子的不可替代性：生态因子之间虽联系紧密、相互影响，但彼此之间是不可替代的，不能以一种生态因子来替代另一种生态因子。

④生态因子的可调性：生态因子虽然具有不可替代性，但如果只表现为某生存条件在量方面的不足时，则可通过加强其他生态因子的量而得到调剂，并收到相近的生态效应，但是这种调剂是有限度的。

⑤生态幅：各种植物对生存条件及生态因子变化强度的适应范围是有一定限度的，超出这个限度就会引起死亡，这种适应范围叫作“生态幅”。不同植物以及同一植物的不同生长发育阶段的生态幅常具有很大差异。

⑥直接作用和间接作用：直接作用的生态因子一般是植物生长所必需的生态因子，如光照、水分、养分元素等，它们的大小、多少、强弱都直接影响植物的生长甚至生存；间接作用的生态因子一般并不直接作用于植物，而是间接地发挥作用，进而影响到植物的生长。

⑦阶段性作用：指的是生态因子在植物生长的不同阶段影响程度不同，在某一阶段可能是主导因子，而在另一阶段又不是主导因子。

二、风景园林植物与地形地势因子

地形地势主要指栽植地的海拔高度、坡度、坡向、山脊和山谷等。地形地势通过对所在地区小气候环境条件的影响而间接地影响植物的生长发育过程。在不同的地形地势条件下进行植物配置时，应充分考虑地形地势造成的光照、温度、水分、土壤等的差异，结合植物的生态特性，合理配置植物，以形成符合自然的植被景观。

（一）海拔高度

海拔高度主要影响气温、湿度和光照度。一般海拔由低至高，则温度渐低，相对湿度渐高，光照渐强，紫外线含量增加，这些现象以山地地区更为明显，因而会影响植物的生长与分布。由于各方面因子的变化，对于植物个体而言，生长在高海拔的植物与生长在低海拔的同种植物相比较，则有植物高度变矮、节间变短、叶的排列变密等变化。风景园林植物的物候期随海拔升高而推迟，生长期结束早，秋叶色艳而丰富，落叶相对提早，而果熟较晚。

（二）坡向方位

坡度和坡向能造成大气候条件下的热量和水分的再分配，形成各类不同的小气候环境。不同方位山坡的气候因子有很大差异，例如南坡光照强，土温、气温高，土壤较干；而北坡正好相反。所以在自然状态下，往往同一树种在垂直分布中，南坡高于北坡。在北方，由于降水量少，所以土壤的水分状况对树木生长影响极大。在北坡，由于水分状况相对南坡好，可生长乔木，植被繁茂，甚至一些阳性树种亦生于阴坡或半阴坡；在南坡由于水分状况差，所以仅能生长一些耐旱的灌木和草本园林植物。但是在雨量充沛的南方，阳坡的植被就比较繁茂。此外，不同的坡向对树木冻害、旱害等亦有很大影响。

（三）地势变化

坡度的缓急、地势的陡峭起伏等，不但会形成小气候的变化而且对水土的流失与积聚都有影响，它们可直接或间接地影响到风景园林植物的生长和分布。坡度通常可分为五级，即平坦地为 5° 以下，缓坡为 6° ～15° ，中坡为 16° ～35° ，急坡为 36° ～45° ，险坡为 45° 以上。在坡面上水流速度与坡度及坡长成正比，而流速愈快、径流量愈大时，冲刷掉的土壤量也愈大。坡度影响地表径流和排水状况，因而直接改变土壤的厚度和土壤的含水量。一般在斜坡上，土壤肥沃，排水良好，对植物生长有利，而在陡峭的山坡上，土层薄，石砾含量高，植物生长差。山谷的宽窄与深浅以及走向变化也能影响树木的生长状况。在不同的地形地势条件下配置植物时，应充分考虑地形和地势造成的温、湿度上的差异，结合植物的生态特性，合理配置植物。

三、风景园林植物与生物因子、人为因子

（一）风景园林植物与生物因子的关系

植物的生活环境里总少不了动物和微生物，如各种高等、低等动物，它们与风景园林植物生活在一起，其关系包含着有益和有害两个方面。有些动物能帮助风景园林植物传播花粉（主要是昆虫）、传播种子、疏松土壤，这是有益的；而有些兽类会危害植物幼苗、枝叶、花果、根等。微生物能分解有机物，增加土壤肥力，有的还能形成根瘤、菌根，固定空气中的游离氮；但也有不少致病性微生物能使植物生病，成为病害。植物与植物之间亦存在着相互促进、相互抑制的关系。植被丰富度高、稳定性强的植被群落，一方面能增强整个群落对病虫害和其他自然灾害的抵抗能力，增加其周围的空气湿度等，这是相互

依存的促进关系；但同时这些植物之间相互竞争，争夺阳光、养分，藤本与树木缠绕、绞杀等，这又是相互抑制的关系。一般来说生活型、生物学特性和生态习性越接近的植物，相互间的竞争越激烈，相互抑制的关系越容易发生；反之就能较好地共存，能相互促进。转主寄生（heteroecism）现象在规划设计中也应该引起重视，它是指生活史中各阶段能在不同种的寄主上度过寄生生活的现象。以梨桧锈病为例，在梨树、海棠、苹果、山楂、木瓜等的附近配置圆柏、龙柏等，梨赤星病菌（Gynmosporangium asiaticum）在梨叶上度过性孢子和锈孢子两个阶段，再在圆柏的茎、叶上度过冬孢子阶段，完成其生命周期。初期病斑在梨叶上为黄绿色，渐变橙黄色圆形斑，后变成黑色粒状物，在叶背面相应处形成黄白色隆起，并着生黄色毛状物；圆柏受害后于针叶腋处出现黄色斑点，渐成锈褐色角状突起，潮湿条件下形成黄褐色胶质鸡冠状冬孢子角。综上可见，了解植物与生物因子之间的相互关系亦是我们在设计时必须考虑的问题。

（二）风景园林植物与人为因子的关系

虽然人类属于生物范畴，但人类通过对植物资源的利用、改造、发展、引种驯化，以及对环境的生态破坏和对环境造成的污染等行为，已充分表明人类对环境及对其他生物的影响已越来越具有全球性，远远超出了生物的范畴。把人为因子从生物因子中分离出来是为了强调人类作用的特殊性和重要性。人类对风景园林植物的作用是有意识的和有目的性的，而其影响程度和范围正不断提高。

第二节　环境特点与风景园林植物选择

一、大气候影响下城市地区的植物选择

（一）大气候与植物地带性分布

大气候又称为区域性气候，是地理和地形位置相互作用的结果。气候条件，主要是热量和水分，决定植被的带状分布。植被分布的水平地带性，主要是指由南至北因热量变化的纬度地带性和由东向西因雨量变化的经向地带性。

太阳辐射是地球表面热量的主要来源。由于太阳辐射因地理纬度逐渐增高而逐渐变弱，因此，从南到北就形成了各种热量带，与此相应，各种植被类型也成带状从南至北依此更替。在湿润的气候条件下，植被类型由南至北的顺序为：热带雨林→亚热带常绿阔叶林→温带落叶阔叶林→寒温带针叶林→极地苔

原带，即植被分布的纬度地带性表现。中国土地广阔，且南北纬度跨度较大，因此除极地苔原带外，涵盖了所有植物分布带。

（二）城市地区植物选择

1．北京

（1）自然条件。北京处于北纬 40°，东经 116°23′，四季分明。冬季盛行偏北的气流，寒冷而干燥；夏季盛行来自海洋的偏南气流，温和而湿润，故为温带大陆性季风气候。年平均气温为 11.8 ℃，最热月是 7 月，平均气温为 26.1 ℃，最冷月 1 月的平均气温为 −4.7 ℃，全年最高气温 39.6 ℃，最低温度 −22.8 ℃，无霜期 195 天。年平均降水量为 638 mm。

（2）主要植物种类。北京属温带大陆性季风气候，处于温带落叶阔叶林区，其植物种类以落叶阔叶及针叶植物为主。纵观北京各公园、街道、绿地的主要植物种类，基本选用了华北地区暖温带的乡土植物，配置成为具有北方特色的人工植物群落。常见的植物有：

常绿针叶树种：油松、白皮松、侧柏、圆柏等；

落叶阔叶乔木：银杏、杨属、柳属、榆属、槐、栾树、白蜡属、椴属、五角枫、黄栌、栓皮栎、黄连木、楝等；

绿篱灌木：冬青卫矛、紫叶小檗、金叶女贞等；

花灌木：榆叶梅、连翘、迎春、紫荆、棣棠、垂丝海棠、西府海棠、绣线菊属、珍珠梅、紫薇、木槿等；

藤本：紫藤、凌霄、金银花、葡萄、地锦等；

草坪：多年生黑麦草、早熟禾、野牛草、羊胡子、结缕草等。

（3）植物配置特点。植物配置要反映北京人文历史特征。北京为中国六大古都之一，历经辽、金、元、明、清等朝代，留下宏伟壮丽的帝王园林及寺庙园林。风景园林中的树种选择除了具有较强的地域适应性外，还充分考虑到植物的象征性、寓意性。如在建筑景观周围大量选用松、柏等植物以体现统治者的江山稳固，基业长青；选用玉兰、海棠、牡丹等体现其身份的雍容富贵。

在植物配置时遵循适地适树，突出季相变化的原则。注意植物的季相景观和观花植物的运用，春有玉兰、碧桃、连翘、榆叶梅、迎春、山杏、山桃、锦带花、丁香类、绣线菊类、海棠类、樱花类等；夏有合欢、栾树、木槿、珍珠梅、紫薇、凌霄、荷花等；秋有海州常山、月季、黄栌、黄连木、白蜡、银杏、栎属、火炬树、天目琼花、胡枝子、五叶地锦等；冬季的北京松柏常青，尤其是白皮松、毛白杨等树种干色也较突出。

北京地区典型的人工配置群落有：侧柏—太平花—萱草；油松—丁香 + 白玉兰—剪股颖；刺槐—棣棠—麦冬；臭椿—胡枝子—玉簪；槐树—珍珠梅—紫花地丁；栾树—天目琼花—大叶铁线莲等。

2．上海

（1）自然条件。上海处于北纬 31°14′，东经 121°29′，地处长江三角洲东缘，位于我国南北海岸的中心，北界长江，东濒东海，南临杭州湾，西接江苏、浙江两省。属亚热带季风气候，四季分明。全境几乎都属于坦荡低平的长江三角洲冲积平原，除西南部有少数自然山体外，平均海拔高度 4 m 左右。全市面积 6 340.5 km²，南北长约 120 km，东西宽约 100 km。上海地区天然河港密布，多属太湖流域，主要河流有黄浦江及其支流、上海地区吴淞江（苏州河）。年平均温度为 17.6 ℃，最高气温 40 ℃，最低气温 −5.9 ℃，最热月平均温度 28.1 ℃，最冷月平均温度 −2.1 ℃。无霜期 237 天。每年 6 月中旬到 7 月上旬为梅雨季节，平均在 6 月 15 日入梅，7 月 6 日出梅，梅雨量平均为 215 mm，梅雨期长度为 21 天。

（2）主要植物种类。上海属中亚热带北缘季风性气候，兼具一定海洋性气候特征。自然植被特征为常绿阔叶林和常绿阔叶、落叶混交林的过渡性植被。常见的植物有：

常绿乔木：香樟、广玉兰、雪松、罗汉松、湿地松、黑松、日本五针松、华山松、龙柏、香榧、柳杉、青冈、乌冈栎、白栎、女贞、桂花、冬青、铁冬青、枇杷、石楠、椤木石楠、棕榈；

落叶乔木：悬铃木、银杏、水杉、落羽杉、池杉、榔榆、榉树、朴树、珊瑚朴、槐、刺槐、黄檀、乌桕、白玉兰、鹅掌楸、杜仲、麻栎、皂荚、梧桐、白蜡、黄连木、重阳木、枳椇、梓树、梧桐、七叶树、枫香、丝棉木、复羽叶栾树、全缘叶栾树、无患子、喜树、构树、木瓜、梅、桃、东京樱花、日本晚樱、豆梨、三角枫、青枫、鸡爪槭；

常绿灌木：蚊母树、珊瑚树、桂花、月桂、天竺桂、黄杨、杨梅、夹竹桃、海桐、八角金盘、胡颓子、木半夏、砂地柏、野迎春、大花六道木、火棘、枸骨、栀子花、六月雪、山茶、厚皮香、杜鹃、南天竹、紫叶小檗、十大功劳、阔叶十大功劳；

落叶灌木：二乔玉兰、紫玉兰、蜡梅、紫荆、垂丝海棠、西府海棠、穗花牡荆、琼花、天目琼花、山梅花、白鹃梅、石榴、溲疏、牡丹、棣棠、绣线菊、丁香、月季、贴梗海棠、金钟花、八仙花、紫珠、紫薇、金银木、接骨木、无花果、结香、木槿、大花醉鱼草；

竹类：毛竹、淡竹、紫竹、孝顺竹、桂竹、茶竿竹、凤尾竹、箬竹、菲白竹、菲黄竹、鹅毛竹；

藤本植物：凌霄、常春油麻藤、紫藤、扶芳藤、金银花、木香、洋常春藤、猕猴桃、葡萄、蛇葡萄；

草坪：狗牙根、结缕草、天鹅绒、高羊茅、马尼拉；

地被植物：麦冬、山麦冬、沿阶草、吉祥草、火星花、火炬花、马蹄金、红花酢浆草、石菖蒲、二月兰、鸢尾、玉簪、石竹、蔓长春、过路黄、石蒜。

（3）植物配置特点。上海自古素有以植被护堤的传统，明清时期沿堤遍植柳树和桑树。自开埠以来，近代上海园林绿化一直开全国风气之先。自清同治四年（1865 年）起，英美租界外滩沿江马路种有最早的行道树，成功引种悬铃木和广玉兰并推广。同治十年，在英美租界工部局建立第一个园林专业苗圃。新中国成立后，上海园林以海纳百川的气魄极具包容性和创新性，善于汲取中西方优秀园林经验，扬弃创新，锐于进取。

中西合璧，争奇斗艳。上海老公园集成了原租界园林的西式风格和中式创新思维。例如，原黄浦公园内设有许多花坛，引种培育欧洲花卉郁金香、紫罗兰，素有“百花园”之称；复兴公园北部按欧洲风格布局，笔直的大道两旁种植高大的悬铃木，突出法国规则式造园风格，故俗称“法国公园”；中山公园早在民国三年（1914 年）规划核心景区之一即为植物园，从东南各省引种数百种树木，成为当时全市树种最多的公园。

锐意革新，推陈出新。新中国成立后，上海新建的公园绿地，都具有敢于创新、富有朝气的特征，很多都具有全国性乃至世界性的影响力。

松江方塔园，地形改造仿松江县境中九峰三泖，保留原有大片竹林和不少古树名木，如百年银杏、百年山茶、百年紫薇、大枸骨，与古建筑互相辉映，园中植物多为我国传统花木，均不做造型，取其自然形态。

延中绿地是为改善城市生态环境，缓解中心城区热岛效应，为实现社会、经济、环境协调发展而开辟的大型公共绿地，以“绿”为主题，“水”为主线，“蓝”与“绿”相交融为特色，园区以不同主题的小公园组成，植物设计风格各异，疏密有致，开合自如，搭配得体，空间富有变化。

上海辰山植物园是集科普和游赏为一体的综合性植物园，全园种植规划设计以“绿环”为核心概念，形成内向围合型结构，通过山体保育、改良土壤、湖水生态治理等措施创造出不同生长环境以适应不同植物需求，高大乔木散植于起伏地形之上，新优地被则表现出不同色彩和季相效果。

3．南京

（1）自然条件。南京地处长江下游平原，属北亚热带季风气候区，四季分明，雨水充沛，光能资源充足，年平均温度为 15.7 ℃，最高气温 43 ℃，最低气温 −16.9 ℃，最热月平均温度 28.1 ℃，最冷月平均温度 −2.1 ℃。年平均降雨 117 天，降雨量 1 106.5 mm，最大平均湿度 81%。最大风速 19.8 m/s。无霜期 237 天。每年 6 月下旬到 7 月中旬为梅雨季节。

（2）主要植物种类。南京属北亚热带季风气候区，处于亚热带常绿阔叶林区，植物种类丰富，以常绿阔叶林与落叶林、混交林居多。常见的植物有：

常绿乔木：黑松、赤松、马尾松、罗汉松、雪松、圆柏、龙柏、广玉兰、香樟、女贞、青冈栎、棕榈、桂花、珊瑚树、枇杷、石楠；

落叶乔木：金钱松、水杉、落羽杉、池杉、榔榆、乌桕、白玉兰、银杏、杜仲、麻栎、栓皮栎、鹅掌楸、皂荚、刺楸、青桐、七叶树、枫香、丝棉木、复羽叶栾树、悬铃木、榉树、无患子、木瓜、梅花、碧桃、樱花、鸡爪槭、红枫；

常绿灌木：铺地柏、千头柏、火棘、海桐、枸骨、山茶、杜鹃、夹竹桃、南天竹、十大功劳、阔叶十大功劳、洒金桃叶珊瑚、八角金盘；

落叶灌木：紫玉兰、绣线菊类、郁李、垂丝海棠、贴梗海棠、溲疏、金钟花、紫珠、紫薇、蜡梅、紫荆、糯米条、琼花、天目琼花、金银木、接骨木、无花果、结香、木槿、石榴、醉鱼草；

竹类：孝顺竹、苦竹、箬竹、毛竹、菲白竹、桂竹、斑竹、刚竹、罗汉竹、淡竹、紫竹；

藤本植物：金银花、络石、南蛇藤、胶东卫矛、三叶木通、木香、中华常春藤、洋常春藤、猕猴桃、葡萄、扶芳藤；

草坪：狗牙根、假俭草、中华结缕草、日本结缕草、高羊茅、马尼拉、草地早熟禾、早熟禾；

地被植物：阔叶麦冬、山麦冬、红花酢浆草、石蒜、石菖蒲、沿阶草、二月兰、吉祥草、鸢尾、玉簪、石竹、花叶蔓长春、金叶过路黄。

（3）植物配置特点。南京古称金陵，是“六朝形胜地”“十代帝王都”，中国江南山水园林遗存其间。现今，南京形成了浓荫蔽日、风格浑厚、级配合理、功能完备的绿化体系。

任何优秀的景观设计如果没有精心配置的植物，终究显得单调、呆板，缺少灵气，难以形成主题突出、层次分明、色彩多变、风景如画的环境景观。南京园林中最突出的特点即因地制宜，采用合理的植物配置与环境相互映衬，充分突出人文景观，从而让人们在游览过程中，感受到视觉、精神、自然的变化。

以雨花台烈士陵园为例。烈士就义群雕是该园的标志性雕塑，配置植物选择了柏树、雪松、云杉等高大常绿乔木，形成苍松如海的背景；周围成片栽植红枫、鸡爪槭、蜡梅、海棠、紫薇、红叶李等色叶树、花灌木，以配合雕塑的风格和主题；为增加植物景观的层次，还在雪松林下栽植了桂花、石楠、珊瑚树、黄杨等，周边区域片植或群植池杉、悬铃木等高大乔木，以增加竖向景观；缓坡和平坦地势的林下，全部栽种麦冬、萱草、石蒜等地被植物；群雕广场的甬道及两侧，松柏类青翠挺拔，绿篱整齐庄严。苍翠的青松、如火的红枫、绚烂的鲜花，陪伴着先烈不朽的英魂。

广泛应用地被植物。地被植物比草坪应用更为灵活，在不良土壤、树荫浓密、树根暴露的地方，可以代替草坪生长。且地被植物种类繁多，有蔓生的、丛生的、常绿的、落叶的、多年生宿根的及一些低矮的灌木，可以广泛地选择，它们不仅增加植物层次，丰富景观，还可以解决工程、建筑的遗留问题，使景观更加完美。在南京园林植物造景中地被植物随处可见，其不同的花色、花期、叶形与其他植物搭配形成高低错落、色彩丰富的景观。

4．广州

（1）自然条件。广州位于北纬 23°6′，东经 113°18′，处于亚热带南缘。1 月份平均气温 13.2 ℃，8 月份平均气温 28.7 ℃，绝对最低 0 ℃，最高 38 ℃，雨量 1 638 mm。而距广州仅 86 km 位于北回归线上的鼎湖山（北纬 23°10′，东经 112°24′）接近热带北缘，自然植被丰富，自然群落类型很多，是广州园林植物造景取材的重要源泉及样板。

（2）主要植物种类。木本耐阴植物：竹柏、罗汉松、香榧、粗榧、三尖杉、米兰、鹰爪花、山茶、油茶、桂花、含笑、海桐、南天竹、十大功劳属、小檗属、八角金盘、野迎春、桃叶珊瑚、枸骨、紫珠、马银花、紫金牛、六月雪、朱蕉、金粟兰、忍冬属、棕竹、丛生鱼尾葵、散尾葵、燕尾棕、三药槟榔、软叶刺葵、木兰、胡枝子等；

藤本耐阴植物：龟背竹、绿萝、花叶绿萝、深裂花烛、中华常春藤、洋常春藤、络石、南五味子、地锦等；

耐阴草本及蕨类植物：仙茅、大叶仙茅、一叶兰、花叶一叶兰、虎尾兰、金边虎尾兰、石蒜、黄花石蒜、海芋、广东万年青、万年青、石菖蒲、吉祥草、沿阶草、麦冬、玉簪、紫萼、紫背竹芋、花叶竹芋、天鹅绒竹芋、花叶艳山姜、艳山姜、水塔花、鸭跖草、秋海棠类、红花酢浆草、紫茉莉、虎耳草、垂盆草、紫堇、翠云草、观音莲座蕨、华南紫其、肾蕨、巢蕨、苏铁蕨、岩姜、星蕨等。

芳香及彩色木本植物：凤凰木、木棉、金凤花、红花羊蹄甲、山茶、红花油茶、广玉兰、紫玉兰、厚朴、石榴、杜鹃类、扶桑、黄槿、悬铃花、吊灯花、红千层、蒲桃、黄花夹竹桃、夹竹桃、鸡蛋花、凌霄、西番莲、紫藤、常春油麻藤、香花鸡血藤、光叶子花、炮仗花、含笑、白兰、鹰爪花、大叶米兰、红桑、金边桑、洒金榕等。

（3）植物配置特点。广州园林植物造景从鼎湖山自然群落类型中得到借鉴。以阔叶常绿林景观为主，并创造一些雨林景观，更能充分地体现出当地植物的地域特色。

具有多层次、热带景观的人工群落。由于广州自然条件优越，植物种类丰富，景观绿化中不乏耐阴的植物种类，故极有条件配植成具有垂直层次、热带景观的人工群落。

茎花植物及具有板根状植物的运用。广州可利用的老茎生花植物有番木瓜、杨桃、树菠萝、大果榕等，而木棉、高山榕都可生出巨大的板根，落羽杉如植在水边也可出现板根状现象及奇特的膝根。

充分利用榕树的景观。广州园林中榕属植物应用很普遍，尤其是高山榕具有众多下垂的气根，入土生根后，地上部分经过扶持，可逐渐形成一木多干的现象。

附生植物的应用。在一棵树上附生多种植物是热带特有的植物景观，如油棕、银海枣上生长有蕨类植物，木麻黄上附生有龟背竹和球兰。蜈蚣藤、巢蕨、凤梨科一些植物等都是良好的附生植物。

棕榈科、竹类、木质大藤本及蕨类植物的运用。上述植物的运用是增添浓郁的热带景观有效的途径。它们本身就是构成热带自然群落的主要组成部分，如棕榈科中的大王椰子、枣椰子、假槟榔可作为姿态优美的孤立园景树；有些可片植成林，如椰子林、大王椰子林、油棕林、桄榔林；有些可作行道树，如蒲葵、鱼尾葵、皇后葵、大王椰子等；一些灌木，如散尾葵、棕竹、单穗鱼尾葵等可作耐阴下木进行配植。广州多丛生竹，可片植成竹林，或丛植于湖边，园林中竹林夹道组成通幽的竹径，加深景深。竹与通透、淡雅、轻巧的南国园林建筑配植，也极相宜。

大量应用花大色艳、具香味及彩叶的木本植物。广州此类植物资源丰富，如凤凰木、木棉等。按其生长习性及观赏特性分别可作为花篱、彩叶篱、行道树、树丛及孤立树等。

广州市内绿化中人工栽培的常见植物群落：红花羊蹄甲—山茶—海芋＋艳山姜—两耳草；白兰—油茶十大头菜—虎尾兰；南洋楹—鹰爪花＋含笑＋山茶—地毯草；盆架子—红背桂—地毯草；白兰—米兰—金粟兰；长叶竹柏—棕竹—地毯草。

二、小气候影响下特殊地区的植物选择

（一）小气候环境

小气候是大气候背景下的局部地区、小范围内所表现出来的气候变化，包括在植物群落内部、建筑物附近，以及小型水体附近等的气候。小气候是风景园林植物所必须面对的适应范围。城市所形成的特有小气候，如城市热岛、城市风、大气污染的高浓度聚集等，都会对风景园林植物的适应制造障碍。反之，狭管导风、浓荫降温、水体气温调控、建筑南北向气候差异、屋顶垂直绿化影响室内小气候等都应在规划设计中发挥其正向生态的作用。

（二）特殊地区的植物选择

1．庇荫地区植物选择

庇荫地是指光照被全部或部分遮盖的区域。庇荫地可分为自然庇荫地和人工庇荫地两类，自然庇荫地如植物群落内或大树下等，而人工庇荫地如房屋下、高架下、建筑物的背光面等。

庇荫地的植物配置，不仅可以发挥植物本身的生态效应，改善环境质量，还能改善庇荫地的景观效应。一般来说，景观设计时风景园林植物的配置要注意几个问题：

①太阳照射状况。一方面取决于遮阴地所能接受的太阳辐射强度；另一方面，取决于所接受的太阳照射时间，这是决定植物能否在该区域正常生长的重要前提条件。一般认为，耐阴性的地被植物的最适相对照度（测定点的照度与同区域开旷地的照度比值）是 10% ～ 50%。对于特定植物，其适应光照的能力会有所差别。如杜鹃是耐阴植物，但配置在相对照度为 3% 的环境会全部死亡，配置在悬铃木大树树冠下的毛白杜鹃，靠近树干处不开花，但稍离树干远处光强增至全日照的 20% ～ 30% 处，开花显著增多，接近树冠投影的边缘处，光照强度远远超过 30%，则开花繁茂。因此，在自然庇荫地上配置植物时，调节好植物群落上下层之间的光照状况，可以使庇荫地植物较好的生长。

充分利用各种耐阴植物，合理配置，会产生各种不同的效果。如在人工庇荫地，选择耐阴植物时要分析植物所处的太阳照射状况，如相对光照强度、所能接受的照射面积和照射时间。在太阳照射状况较好时，可以采用灵活的配置方式，而在照射状况较差时，需要慎重选择植物。还可以采取一些人工措施来补充该区域光照不足的状况，如建立采光系统或通过反射系统等，但要保证以不造成新的光污染为前提。

②庇荫地的水分状况。庇荫地，特别是人工庇荫地，往往在阻止太阳辐射的同时也会阻止水分的进入，造成干旱状况。因此，在人工庇荫地上配置植物，选择较为耐阴植物的同时，还要注意选择一些较为耐旱的植物。如在相对光照强度为 6% ～ 10% 时，连沿阶草都不易生长，而石蒜却能生长良好。

③一般在人工庇荫地上，土壤由于建筑等原因非常瘠薄，对植物的成活会造成很大限制。选择耐瘠薄植物是庇荫地植物配置的重要原则。

④在人工庇荫地，特别是在交通频繁的高架桥下，污染物的聚集也会对植物的生长发育造成一定的影响。选择抗污染及净化能力强的植物不但具有视觉效应，而且具有功能效应。

2．水景区植物选择

水景是园林美学的重要部分，因为水不仅是生命的存在形式，也是环境的灵魂。水和植物之间是相互联系，不可分割的。良好的植物配置可以净化水体，维持水体的洁净，使美景更持久。水体和植物的结合，特别是有喷泉的水体和植物共同作用，可以有效增加环境中的空气负氧离子，能大幅度提升环境质量，促进身心健康。水体及周边环境植物配置应遵循以下原则：

①在水体中配置植物首先要考虑植物适应性。根据水体的设置及具体的环境条件选择植物，这些植物要具备一定耐水湿的能力。在保证植物正常存活的基础上，还要根据美学的要求，选择合适的植物类型。中国常见的水边绿化树种有水松、小叶榕、高山榕、水翁、红花羊蹄甲、木麻黄、椰子、蒲葵、落羽杉、池杉、水杉、大叶柳、垂柳、旱柳、苦楝、悬铃木、枫香、枫杨、三角枫、重阳木、柿、榔榆、桑、梨属、白蜡属、海棠、香樟、棕榈、无患子、蔷薇、紫藤、南迎春、连翘、夹竹桃、圆柏、丝棉木等。

②注意选择除污净化能力强的植物。随着工业化进程的推进，越来越多的水体被污染。水中污染物除了一些易分解的有机化合物外，还含有氮、磷等植物营养物。在污染的水体内种植水生维管束植物，并定期清理，能够提高水体对有机污染物和氮、磷等无机营养物的去除效果。在水体污染较重或淤泥较多时，首先要选择抗污能力强的植物，如在淤泥中生长良好的有香蒲、荷花等；能耐水中高营养物的植物，如凤眼莲、荇菜、穗状狐尾藻、金鱼藻等。在此基础上，再选择那些净化污水能力强的植物，如水葱、浮萍、眼子菜、茭白、灯芯草、芦苇等。据估算，凤眼莲的产量约为 5 kg ～ 10 kg/m^2 水面，按凤眼莲含氮 12%，含磷 0.79% 计算，每平方米凤眼莲的氮去除负荷和磷去除负荷分别为 0.06 kg ～ 0.12 kg/ 年和 0.04 kg ～ 0.08 kg/ 年。对于那些明确标明某种污染物的水体，可有针对性地来选择净化某种污染物能力强的植物，如凤眼莲对氮、磷、铅和锌，苦草对砷、铜、铅和锌，狐尾藻、芦苇对钼，茭白对磷，荇菜对氮的净化能力颇高。但需要控制水生植物的种植密度，以防过度繁殖，适得其反。

③注意选择涵养水源、防止水土流失的植物。在自然水体周围，由于水是自高而低流注，往往会对周边的自然土壤产生冲刷作用，在一定程度上不仅会造成水土流失，还会对水体质量产生一定的影响。通过配置一些根系发达，固土能力强的植物，可以较好地改善水土流失状况。

④注意水体及周边植物配置的多样性。在进行植物配置时，一方面应选择那些与整体环境相适应、相协调的植物类型，如荷花与垂柳的组合，二者既能较好的适应各自的环境，又能使岸上婀娜多姿的柳条与水面浑圆碧绿的荷叶协调一致，相映成趣。另一方面在水体中还要保持适度密度，保持水生植物的适度生长。在岸边若种植有树姿优美、色彩艳丽的观花、观叶树种，或有亭、台、楼、阁、榭、塔等建筑时，水中的植物配置切忌拥塞，应留出足够空旷的水面来展示其倒影。不同的植物配置，会营造出不同的氛围。

⑤水边植物配置切忌等距种植及整形式修剪，以免失去意境。在具体的规划设计中，水边植物应结合地形、道路、岸线进行配置，有近有远，有疏有密，有断有续，曲曲弯弯，自然有趣。在变化中有统一，在协调中有突出，保持植物的韵律和节奏与周边相一致。在配置过程中还要注重季节的变化对景观效应的影响，尽可能保持不同季节有不同的景观出现。上海动物园天鹅湖及杭州植物园山水园，叶色丰富，这些呈现出红棕、嫩绿、黄绿的色彩丰富了园中单调的水色。

3．岩石园植物选择

岩石园是指把各种岩石植物种植于堆砌的山石缝隙间，并结合其他背景植物及水体、峰峦等地貌，造出高山自然景观的造景形式，是自然山体景观在人工景观中的再现（图 2-1）。它的造园主体是岩石植物，山体、岩体仅是表现岩石植物的一种载体。

高山上气候条件比较特殊，一般温度低，风速大，空气湿度大，寒冷期长。高山植物在漫长的生物进化中形成了与之相适应的生境特点。首先，从形态外貌上表现为低矮匍匐性，植株很少有高大的茎干，叶多基生，呈垫状或莲座状，植株被茸毛或角质化，叶小或退化。其次，生活周期缩短，在 2 ～ 3 个月内迅速完成其生活周期。再者，高山植物都具有粗壮的根系，地上部分呈匍匐状，一般都具有长长的艳丽花序。

图 2-1　岩石园典型植物配置

①基于高山植物的上述特点，在选择岩石植物时应满足以下三个条件：

A. 植株低矮，呈匍匐性或丛生性，叶小，多有革质、角质现象，生长缓慢，选择乔木或灌木最好选择矮生的种类。

B. 植株抗性强，有较强的抗寒、抗旱能力，耐瘠薄土壤，具有深根性。

C. 有较强的观赏特性，叶色特别或叶形奇特，或花朵较大，或花色艳丽。

②岩石植物种类丰富，可从植物分类学角度分为以下几类：

A. 苔藓植物：多附生于岩石的表面，能点缀岩石的色彩，属阴生、湿生类植物。

B. 蕨类植物：属阴生岩石植物，多生于岩石旁，是较美丽的观叶植物。常见的有石松、卷柏、铁线蕨、紫其等。

C. 裸子植物：选择具有伏生或矮生性的种或品种，如铺地柏、鹿角桧等。

D. 被子植物：这类植物种类丰富，大部分的高山植物都是被子植物，常见的有高山石竹、桔梗、高山火绒草、白头翁、龙胆、细叶婆婆纳、金莲花、银莲花、胭脂花、地榆、野罂粟等。

4．墙壁植物选择

①墙壁植物配置的作用。欧美等西方国家的墙壁绿化已形成很好的案例，在绿地面积不足的状况下，如何充分发挥各种形式的墙壁绿化、增加环境绿量就显得尤为重要。墙壁是植物配置的一个特殊空间，墙壁垂直绿化除具有美化作用外，还有其他方面的重要意义。

A. 生态效应。墙壁植物配置可明显减少光污染。各种白色建筑墙面、混凝土墙、石墙等的反光作用，既影响人的健康，又增加交通事故发生率，通过墙面绿化，可减弱或去除这种影响。墙壁植物配置可改善墙内环境温度。在夏季，墙壁植物可以阻挡强烈的阳光照射，降低墙内环境温度；在冬季，有落叶植物覆盖的墙面，可减少墙内热量的散失，起到保温作用。

B. 经济效益。墙面植物配置可节约墙内环境的空调使用费用。有关实验证明，在同样类型的两座建筑物中，有墙面植物配置的比没有的可节省电力约30%。各种墙壁植物减少阳光对混凝土墙壁的直接照射和雨水的直接冲刷，防止混凝土表面龟裂，起到保护墙壁、节约维护费用的作用。

②墙壁植物配置。墙壁绿化多为一些藤本植物，或经过整形修剪及绑扎的观花、观果灌木，少有乔木，常辅以各种球根、宿根草本园林植物作基础栽植。常用种类有紫藤、木香、蔓性月季、常春油麻藤、地锦、猕猴桃、葡萄、铁线莲属、美国凌霄、凌霄、金银花、盘叶忍冬、华中五味子、五味子、素方花、钻地风、禾雀花、绿萝、西番莲、炮仗花、迎春、连翘等。墙壁植物配置很灵活，通常表现为攀缘型、悬垂型和随意型三种类型。

A. 攀缘型：从墙体的下面种植攀缘植物，如常春油麻藤、地锦、常春藤、紫藤、攀缘性月季等，从下往上生长，最终达到覆盖墙体的效果，是墙壁绿化应用最为广泛的类型。要求墙壁不能太光滑，对于混凝土墙、砖墙等较为粗糙的墙面效果显著。该种类型还可以配置树墙，也就是在墙面栽植各种树木，通过一定的方法将其枝条固定在墙面上，依据景观目标，将其做成相应的形状，常用的植物有紫杉、无花果、迎春花、山茶、火棘、紫荆、贴梗海棠、四照花、连翘等。

B. 悬垂型：在墙体上方设置容器，使植物茎叶自上而下、自然下垂的悬垂型配置。该种配置为防植物摇动，可在墙外设置一些供植物攀爬的物体，保证植物的稳定性，这对于墙面光滑的攀缘型同样适用。在欧洲，天竺葵、铁线莲的应用频率很高。

C. 随意型：墙壁的植物配置还可在墙体的各位置设置容器进行墙面绿化。通过各种花盆固定在墙体的某个位置，按照一定的配置方式进行摆放，也能取得良好的景观效果。

5. 室内植物选择

室内生态环境条件与室外差异很大，大多具有光照不足、温度较恒定、空气湿度低等特点。不同房间的环境条件差异也很大。因此，在进行室内绿化时，需要根据不同条件去选择适宜的植物（图 2–2）。

图 2–2 室内植物配置

①光照。室内光照强度明显低于室外，室内多数地方只有散射光。根据室内区域不同，选择配置不同的植物，大致分为五种情况：

A. 阳光充足处。多见于现代化宾馆中的阳光厅，一般是专为摆放室内花木而设计，有大面积的玻璃顶棚或良好的人工照明设备。厅内光线充足，四季如春，适宜于绝大部分植物生长，尤其是喜阳的植物，如仙人掌类、龙舌兰类、叶子花、天门冬等。

B. 有部分直射光处。在靠近东窗或西窗附近以及南窗的 80 cm 以内，有部分直射光，光照也比较充足，大部分室内植物能生长良好，如吊兰、龙吐珠、朱蕉类等。

C. 有光照但无直射光处。在南窗的 1.5 m ～ 2.5 m 范围内或其他类似光照条件的地方，一般不适宜养观花植物，但可选一些耐阴的观叶植物，如观叶秋海棠类、常春藤类、豆瓣绿类、冷水花、绿萝、龟背竹、鹅掌柴、白鹤芋等。

D. 半阴处。接近无直射光的窗户或离有直射光的窗户比较远的地方。可以选择耐阴性较强的植物，如蜘蛛抱蛋、蕨类、广东万年青、水塔花等。

E. 阴暗处。离窗较远，只有微弱的散射光透入，只能选择观叶植物中最耐阴的种类，如肾蕨、鹿角蕨、海芋属、红背桂等。

②温度。不同类型的房间内温度变化情况不同。现代化的大型商场、宾馆及办公大楼内，冬季有取暖设施，夏季有空调降温，其温度适宜于大部分植物生长。居民住房，在中国北方地区由于供暖，冬季室温一般不低于 15 ℃，适于多数植物越冬；而长江以南的部分地区，由于多数房间冬季没有取暖设备，

温度多随室外变化而变化，有时最低温度会低于 0 ℃，对一些植物安全越冬不利。在进行室内绿化时要依据具体条件选择不同种类的植物，室内观叶植物依据对温度的要求不同，大致可以分为 4 类：

A. 高温观叶植物。这类植物原产于热带地区，一年四季都需要较高的温度，而且要求昼夜温差较小。温度低于 18 ℃，即停止生长，若温度继续下降，还易导致冷害等，如变叶木、旅人蕉、红背桂、鹤望兰等。

B. 中温观叶植物。这类植物大多原产于亚热带地区，温度低于 14 ℃即停止生长，最低温度不低于 10 ℃，如橡皮树、龟背竹、棕竹、南洋杉等。

C. 低温观叶植物。这类植物原产于亚热带和暖温带的交界处，在温度降至 10 ℃时仍能缓慢生长，并能忍受 0 ℃左右的低温，如苏铁、常春藤、南天竹、棕榈等。

D. 耐寒观叶植物。这类植物大多产于暖温带、温带地区，对低温有较强的忍耐力，有些能忍受 -15 ℃的低温，但怕干风侵袭。盆栽植株可在冷室越冬，如扶芳藤、冬青卫矛、龙柏、凤尾兰、观赏竹等。

③湿度。在中国北方，干燥多风的春季和用暖气供热的冬季，室内空气湿度很低，不适于多数室内观叶植物的生长。而在南方梅雨季节，连绵的雨水会使室内空气湿度过高，致使一些室内植物腐烂。因此充分了解植物的特性，才能因地制宜，合理配置植物。

大多数室内观叶植物都需要较高的空气湿度，如竹芋类、球根海棠等一般需要空气相对湿度 80%；龙血树、豆瓣绿、天门冬类、棕榈类等要求空气相对湿度在 50% ～ 60%；仙人掌类及一些多浆植物较耐干旱，一般室内 30% 的湿度都能生长良好。

第三章　风景园林植物造景原理及配置方式

第一节　园林植物造景的美学原理

园林美源于自然，是自然美的再现，与艺术美和生活美高度统一在一起。园林艺术是一种把功能与科学相结合的艺术，是有生命的、融多种艺术于一体的综合艺术。

园林植物是园林空间弹性最强的部分，可以按人们的审美、观景需要灵活布局，或此密彼疏，或此高彼低，或此花彼树等，构成园林中极富变化的动态景观。园林植物景观是属于静中有动的景观：一是植物从萌芽到成株、成景，处于不断变化的动态过程；二是春天开花、夏天成荫、秋天落叶、冬天露骨，形成景观四季动态变化的过程。

园林植物的美感可分为自然美和社会美两大方面。自然美是园林植物的色、香、形等自然属性，可直接感受，可使人们快速进入审美状态；社会美是通过使人们联想到刚直、高洁、雅逸、潇洒等美好品格而激发的审美效应。园林植物的自然美被拟人化，深化为社会美，使人的情操得以升华。

一、园林植物的形态特征与观赏特性

植物的形态特征可以通过植株的大小、高矮、外形等参数进行描述，其在园林景观构图与布局上影响着统一性和多样性。

（一）园林植株的体量

1．植株按生长习性分类

按照植株的高度、外观形态、生长习性可以将园林植物分为乔木、灌木、藤本植物、竹类、地被、草本花卉及草坪等几大类。

①乔木：乔木类型主要有常绿和落叶针叶树、常绿和落叶阔叶树。乔木是园林中的骨干植物，树冠高大，在开阔空间中多以大乔木作为主体景观，构成空间的框架。在植物配置时需要首先确定大乔木的位置，然后再确定中小乔木、灌木等的种植位置。中小乔木也可以作为主景，但经常应用于较小的景观中。

②灌木：灌木有“常绿”和“落叶”两类。灌木无明显主干，枝叶密集，当灌木的高度高于视线时就可以构成视觉的屏障。一些高大的灌木常密植或被修剪成树墙、绿篱等，替代僵硬的围墙、栏杆，进行空间的围合，显得柔和、自然。由于灌木给人的感觉并不像乔木那样“突出”，在植物配置中灌木往往作背景，如灌木丛往往作为主体雕塑的背景，起衬托的作用。当然，灌木并非就不能作为主景，一些灌木由于有着美丽的花色、优美的姿态，在景观中也会成为瞩目的对象。

③地被植物：高度在 30 cm 以下的植物都属于地被植物。由于接近地面，对于视线完全没有阻隔作用，所以地被植物在立面上不起作用，但是在平面上却有着较高的价值，作为“室外的地毯”可以暗示空间的变化，在草坪与地被间形成明确的界限，确立不同的空间。

④藤本植物：也称为攀缘植物，自身不能自立，必须依靠其特殊器官或蔓延特性而依附于其他物体上。藤本植物有草本的，也有木本的，有落叶的，也有常绿的，我国可利用的有 1 000 余种，如地锦、葡萄、紫藤、凌霄、铁线莲、牵牛花、羽叶茑萝等。藤本植物的茎蔓、叶、花、果等都具有较高的观赏价值，其占地少，生长快，蔓叶茂密，遮阴效果好，绿化效益大，主要用于花架、篱栅、岩石、墙壁的垂直绿化，可以软化建筑物的硬质景观。发挥藤本植物的绿化优势，可仿照天然森林群落结构，与其他树木进行水平混交与垂直混交，以求取得更好的立体绿化效益。

⑤竹类：竹类为禾本科的常绿植物。竹竿木质浑圆，中空而有节。竹子不常见开花，一旦开花，大多数于开花后全株死亡。竹类形体优美，叶片潇洒，不仅在生活中用途较广，而且具有重要的观赏价值和经济价值。竹的观赏价值主要体现在其自然美和象征美。自然美的表达：竹个体大小、枝叶疏密、节间形态及时空序列等的相关变化；其皮色，多以绿色为主，此外还有紫竹、金竹和一体多色的黄金间碧玉、碧玉间黄金等。象征美的表达：竹的文化内涵美，如清幽、坚贞、挺拔、刚毅及人文气息等，“高节人相重，虚心世所知”“一见此君面，荒村不是村”。

⑥草本花卉：一些姿态优美、花色艳丽、花香馥郁的草本花卉具有较高观赏价值。根据其生长期的长短及其根部形态及对生态条件的要求，又可分为：

一年生花卉，春天播种，当年夏秋开花，如一串红、凤仙花、万寿菊等。

二年生花卉，秋天播种，第二年春夏开花，秋末死亡，如金盏菊、羽衣甘蓝等。多年生宿根花卉，一次栽植能多年生存，年年开花，如芍药、萱草、菊花等。

多年生球根花卉，地下具有膨大变态的茎或根，如大丽花、晚香玉、唐菖蒲等。水生花卉，生长在水中或浮游于水中，如荷花、菖蒲、浮萍、凤眼莲等。

草本植物一般比较低矮，寿命较短，尤其是一二年生花卉，虽然花色艳丽、花期整齐，但管理工作量大，故多用在重点地区，以充分发挥其色、形、香等几方面的特点。多年生花卉多具有耐旱、耐湿、耐阴、耐贫瘠、适应范围比较广的特点，可用于花境、花坛，或成丛成片布置在草坪边缘、林缘、林下，或散植于溪涧、山石等处，景观效果出色。水生花卉主要用于水面、池边、湖畔等处的绿化布置，能形成优美的水景。

⑦草坪：一类特殊的草地。它应具有以下的特征特性：多为低矮匍匐茎或丛生型禾本科植物，生长速度快，覆盖能力强；地上部生长很低，并常有坚韧叶鞘的多重保护，耐修剪（啃食）并且耐践踏；适于各类环境生长，特别是在温度变化剧烈、土壤瘠薄、干旱或土壤酸碱度非理想状态下分布较广。草坪能够发挥景观、生态和运动游憩等功能。其景观功能表现在为造景提供宜人的绿色背景，营造开阔舒坦之感。

2．大小不同植株的景观效果

园林植物的大小与植物的年龄、生长速度有关，栽植初期和几年后，甚至几十年后的景观效果可能会有较大差异。设计师一方面要了解成龄植物的一般高度，还要注意植物的生长速度，从而预测之后的景观效果。

园林植物是造园作品中的骨架，其大小会直接影响到植物群体景观的观赏效果。大小一致的植物组合在一起，尽管外观统一规整，但平齐的林冠线会让人感到有些单调、乏味；相反，如果将不同大小、高度的植物合理组合，就会形成层次丰富、具有变化的林冠线；低矮的园林植物种植在一起，能形成开放型空间，给人以开阔、自由之感；由大小、高低不同的植物配合，能形成封闭型和方向型空间。所以，在植物选择过程中，植物的大小是首先考虑的一个因素，其他美学特性都是依照已定的植物的大小来加以选择。

（二）园林植株的形态

1．乔灌木的树形

园林植物植株的形态指的是单株的外部轮廓。园林植物姿态各异，常见的木本乔木、灌木的树形有柱形、塔形、圆锥形、伞形、圆球形、半圆形、卵形、倒卵形、匍匐形等，特殊的有垂枝形、曲枝形、拱枝形、棕榈形、芭蕉形等。不同姿态的树种能给人以不同的感受，或高耸入云，或波涛起伏，或平和悠然，或苍虬飞舞。

园林植物之所以能形成不同的姿态，与其本身的分枝习性、萌芽力和成枝力及年龄有关。园林植物的分枝习性有单轴分枝、假二叉分枝、合轴式分枝。植物枝条的角度和长短也会影响树形。大多数树种的发枝角度以直立和斜出者为多；但有些树种分枝平展，如曲枝柏；有的枝条纤长柔软而下垂，如垂柳；

有的枝条贴地平展生长，如匍地柏等。

园林植物植株不同的外形特征给人的视觉感受是不同的，经过精心的配置和安排，可以产生韵律感、层次感等种种艺术组景效果，可以表达和深化空间的意蕴。如圆柱形、圆锥形、塔形等是向上的符号，能够引导视线向上，给人以高耸挺拔的感觉，具有严肃端庄、高耸静谧的效果，塔形的水杉在设计中就如同一个“惊叹号”，十分醒目。而与此相反，垂枝形树种如垂柳、龙爪槐等，因其下垂的枝条而将人们的视线引向地面，最常见的方式就是将其种植在水边，以配合波光粼粼的水面，形成优雅、平和的气氛。呈团簇丛生的球形、扁球形等植株，有素朴、浑实之感，最宜用在树木群丛的外缘，或装点草坪、路缘、屋基等。另外，由于扁球形植株具有水平延展的外形，使景物在水平方向上形成视觉上的联系，表现出扩展性和外延感，在构图上也与高大的乔木形成对比。近似球形的植物，由于圆滑、无方向感，使得它们很容易与其他景物协调。还有一些植物因其外形奇特，可以称得上是植物景观中的“明星”，例如酒瓶椰子和旅人蕉，孤植于园林中的节点或视线焦点处有亮丽的效果。有的园林树木自然形态并无新意，但经过人工整形修剪后其造型观赏效果会令人耳目一新。

2．植株形态的应用

了解园林植物的姿态，对植物造景有事半功倍的效果。首先，在园林植物景观设计中，植物的姿态可以加强或减缓地形起伏。例如，为了加强小地形的高耸感，可在小土丘的上部种植垂直向上型植物，在土丘基部种植矮小、扁圆形的植物，借树形的对比与烘托增加高耸之势，也可以节省土方量；反之，则可以减缓小地形的起伏感。其次，合理安排不同姿态的植物可以产生节奏感和韵律感。另外，姿态独特的园林植物孤植点景，可以成为视觉中心或转角标志。例如，为了与远景取得呼应、衬托的效果，可以在广场中央种植一株体量大、树形优美的大树，后方通道两旁种植树形高耸的乔木，强调主景的同时又引起新的层次。

3．叶的观赏特性

园林植物叶片具有丰富多彩的外貌，主要体现在叶的大小、形状、色彩等几个方面。一般原产热带湿润气候的植物叶较大，如芭蕉、椰子、棕榈、琴叶榕等，巴西棕的叶片长达 20 m 以上；而产于寒冷干燥地区的植物叶片多较小，如榆、槐、柽柳、侧柏、樟子松的叶片很小。

根据叶柄上着生的叶片数量可分为单叶和复叶两类。单叶又有针形、条形、披针形、刺形等；复叶又分为羽状复叶和掌状复叶。

叶片除上述基本形状外，又因叶脉序、叶序、叶尖、叶基和叶边缘的变化而更加丰富，不同形状和大小，也具有不同的观赏特性。例如，棕榈、蒲葵、椰子、龟背竹、散尾葵、旅人蕉等具有热带情调；大型的掌状叶给人以朴素的感觉；大型的羽状叶给人以轻快、洒脱的感觉；鸡爪槭的叶形给人轻快感；合欢与凤凰木的叶片有轻盈秀丽的效果。

4．花的观赏特性

园林植物花朵的观赏价值表现在花的形态美、色彩美、芳香美等方面。花的形态美主要表现在花朵或花序本身的形状上，其次也表现为花朵在枝条上的排列方式，即花相。

（1）花形。花朵根据花被的状况，分为单被花（如灰藜、菠菜）、两被花（如油菜、桃花）、裸花（杨、柳、核桃雄花）、重瓣花（月季等）等形状。花朵的着生位置有单生叶腋或枝顶单生，也有数花簇生于叶腋的，多数植物的花按一定的规律排列在花轴上形成花序。花的大小方面，单花较大的有牡丹、菊花、山茶、荷花等，花朵较小的有桂花、米兰等。花序较大、较长的有紫薇、紫藤、丁香等，较小的有绣线菊等。

花或花序和其附属物的变化，也形成了许多欣赏上的奇趣。如金丝桃花朵上的金黄色小蕊长长地伸出于花冠之外；带有白色巨苞的珙桐花宛如群鸽栖于枝梢。牡丹、石榴、桂花、梅花等，都有着不同于原始花形的各种变异，如台阁牡丹花、重苔石榴花、重瓣桂花、台阁梅花等。

（2）花相。花相主要对木本植物而言，根据树木开花时有无叶簇的存在，可分为两种形式：一是“纯式”，指在开花时，叶片尚未展开，全树只见花不见叶；二是“衬式”，即在展叶后开花，全树花叶相衬。树木的花相类型有以下几种：

独生花相：本类较少，形较奇特，花序一个，生于干顶，例如苏铁类。

线条花相：花排列于小枝上，形成长形的花枝。由于枝条生长习性之不同，有呈拱状花枝的，有呈直立剑状的，或略短曲如尾状的，等等。呈纯式线条花相者有连翘、金钟花等；呈衬式线条花相者有珍珠绣球、三桠绣线菊等。

星散花相：花朵或花序数量较少，且散布于全树冠各部。衬式星散花相的外貌是在绿色的树冠底色上，零星散布着一些花朵，有丽而不艳、秀而不媚之效，如鹅掌楸、白兰等。纯式星散花相种类较多，花数少而分布稀疏，花感不烈，但也错落有致。若于其后能植绿树背景，则可形成与衬式花相相似的观赏效果。

团簇花相：花朵或花序形大而多，花感较强烈，每朵或每个花序的花簇能充分表现其特色。呈纯式团簇花相的有玉兰、木兰等，呈衬式团簇花相的有木本绣球。

覆被花相：花或花序着生于树冠的表层，形成覆伞状。呈纯式的有绒叶泡桐、泡桐等，呈衬式的有广玉兰、七叶树、栾树、接骨木等。

密满花相：花或花序密生全树各小枝上，使树冠形成一个整体的大花团，花感最为强烈。呈纯式的有榆叶梅、毛樱桃等，呈衬式的有火棘等。

干生花相：花生于茎干上，形成“老茎生花”的现象。干生花相种类不多，大多均产于热带湿润地区，如槟榔、枣椰、鱼尾葵、山槟榔、木菠萝、可可等。华中、华北地区的紫荆等，也能于较粗老的茎干上开花，但难与典型的干生花相相比拟。

5．果实（种子）的观赏特性

园林植物果实的观赏价值，主要表现为“奇”“巨”“丰”等方面。奇特的如像耳豆、眼睛豆、秤锤树、腊肠树、神秘果、铜钱树、紫珠等；巨大的如木菠萝、柚、番木瓜、石榴、苹果、柿、梨、木瓜、葡萄、火炬树等；“丰”指果穗或全株结果繁多，如火棘、花楸、葡萄、小果枸杞子等。有些种类，不仅果实可赏，而且种子又美，并富有诗情画意，如红豆树。王维的“红豆生南国，春来发几枝，愿君多采撷，此物最相思”从古至今一直被有情人传颂。儿童更喜欢色彩鲜艳、果实累累的植物环境。如果通过精心布置，形成优美的观果园，可使儿童们流连忘返。

果实还能招引鸟类及小型兽类，能给园林带来更多生机。不同的植物会招来不同的鸟类，如小檗易招引黄连雀、乌鸦、松鸡等鸟，红瑞木等易招引知更鸟等。

6．干和根的观赏特性

根，生于土中，一般无法观赏。但是，某些植物的根会发生变态。在南方，尤其华南地区栽植应用这类特有的树种，能形成极具观赏价值的独特景观。

（1）板根。板根现象是热带雨林中一些乔木树种最突出的特征之一。雨林中的一些巨树，通常在树干基部延伸出一些翼状结构，形成板墙，即为板根。在西双版纳热带雨林中，四数木、高山榕、刺桐等树种都能形成板根。西双版纳勐腊县境内一株四数木，高逾 40 积 55 m^2，其中最大的一块板根长 10 m，高 3 m，吸引游人慕名观看。

（2）膝状根。一部分生长在沼泽地带的植物为保证根的呼吸，一些根垂直向上生长，伸出土层，暴露在空气中形成屈膝状凸起，即为膝状根，又称呼吸根。广东沿海一带的红树及生长于水边湿地的水松、落羽杉、池杉等都能形成状似小石林的膝状根。华南植物园水榭岸边“龙洞琪林”景观，落羽杉根部长出的棕红色膝状根，粗壮的高约 1 m，大多长得像罗汉，也有兽形、石形。

（3）支柱根。一些浅根系的植物可以从茎上长出许多不定根，向下深入土中，形成能支持植物体的辅助根，称为支柱根。这类植物有榕树、红海榄、秋茄、桐花树等。

（4）气生根。榕树的粗大树干上会生出一条条悬挂下垂的气生根，这些气生根飘悬于空中，极具特色。气根向下生长，入地成支柱根，托着主干枝，干枝又长出很多分枝，使树冠得以向四面不断扩大，逐步发展，呈现“独木成林”的奇特景观。孟加拉国有一株900多年树龄的古榕，冠幅超过2.7 hm^2，是世界上最大的榕树，有4 300多条支柱气根，是“独木成林”的典型。

二、园林植物的色彩特征与观赏特性

（一）色彩的心理效应及搭配规律

据心理学家研究，不同的色彩会给人们带来不同的感受。如在红色的环境中，人的脉搏会加快，情绪兴奋冲动，会感觉到温暖；而在蓝色环境中，脉搏会减缓，情绪也较沉静，会感到清冷。为了达到理想的植物景观效果，园林设计师也应该根据环境、功能、服务对象等选择适宜的植物色彩进行搭配。

①色彩的冷暖感：又称色彩的色性。带红、黄、橙的色调，能使人联想起火焰、阳光，具有温暖的感觉，称为暖色调；带青、蓝、蓝紫的色调，使人联想起夜色、阴影，有凉爽、清冷的感觉，称为冷色调。绿色与紫色介于冷、暖色之间，其温度感适中，是中性色。无彩色系的白色是冷色，黑色是暖色，灰色是中性色。

在园林中应用时，冬季可选用暖色植物，夏季多用冷色植物。公园举行游园晚会时，春秋季多用暖色照明，夏季多用冷色照明。暖色多应用于广场花坛、主要入口或门厅等热烈或正式的环境，给人以积极向上之感，提高游人的观赏兴致，也带有欢迎宾客的含义。冷色多用于空间较小的环境边缘，以增加空间的深远感。在面积上冷色有收缩感，同等面积的色块，在视觉上冷色比暖色面积感小。要获得同样面积的感觉，就必须使冷色面积略大于暖色面积。冷色与白色和适量的暖色搭配，会产生明朗、舒畅的气氛，可应用于较大广场中的草坪、花坛。

②色彩的远近感：暖色和深色给人以坚实、凝重之感，有着向观赏者靠近的趋势，会使得空间显得比实际的要小些；而冷色和浅色与此相反，在给人以明快、轻盈之感的同时，它会产生后退、远离的错觉，所以会使空间显得比实际的要开阔些。紫、青、绿、红、橙、黄，色彩的距离感是由远至近。园林中如果实际的园林空间深度感染力不足，为了加强深远的效果，作背景的树木宜选用灰绿色或灰蓝色树种，如毛白杨、银白杨、桂香柳、雪松等。

③色彩的轻重感和软硬感：明度低的深色具有稳重感，而明度高的浅色具有轻快感。色彩的软硬感与色彩的轻重、强弱感觉有关。轻色软，重色硬；白色软、黑色硬。颜色越深，感觉越重、越硬。建筑的基础部分可种植色彩浓重的植物。

④色彩的运动感：同一色彩，明亮的运动感强，暗淡的运动感弱。橙色给人较强烈的运动感。青色能使人产生宁静的感觉。互为补色的两色结合，运动感最强。在园林中，可以运用色彩的运动感创造安静与运动的环境。如休息场所可以采用运动感弱的植物色彩，创造宁静的气氛；而在活动区、儿童区应多选用具有强烈运动感色彩的植物和花卉，创造活泼、欢快的气氛；纪念性建筑物、构筑物等常以青绿色、蓝绿色的树群为背景，以突出其形象。

⑤色彩的华丽与朴素感：色彩的华丽与朴素感和色相、色彩的纯度及明度有关。红、黄等暖色和鲜艳而明亮的色彩具有华丽感，青、蓝等冷色和浑浊而灰暗的色彩具有朴素感；有彩色系具有华丽感，无彩色系具有朴素感。色彩的华丽与朴素感也与色彩的组合有关，对比的配色具有华丽感，其中以互补色组合最为华丽。

⑥色彩的面积感：一般橙色系主观上给人以扩大的面积感，青色系给人以收缩的面积感。另外，亮度高的色彩面积感大，亮度弱的色彩面积感小。同一色彩，饱和的较不饱和的面积感大，两种互为补色的色彩放在一起，双方的面积感均可加强。园林中，相同面积的前提下，水面的面积感最大，草地的面积感次之，而裸地的面积感最小。因此，在较小面积园林中设置水面比设置草地可以取得更多扩大面积感的效果。运用白色和亮色，也可以产生面积扩大的错觉。

⑦色彩的明快与忧郁感：色彩可以影响人的情绪。明亮鲜艳的颜色使人感觉轻快，灰暗浑浊的颜色则令人感觉压抑。对比强的色彩组合趋向明快，对比弱的则相反。在有纪念意义的场所，多以常绿植物为主，一方面常绿植物象征万古长青，另一方面常绿植物的色调以暗绿为主，显得庄重；而在娱乐休闲场所，则应使用色彩鲜艳的花灌木作为点缀，创造轻松愉快的氛围。

偏暖的色系容易使人兴奋，而偏冷的色系使人沉静。色彩中，红色的刺激性最大，容易使人兴奋，也容易使人疲劳；橙色明亮、新鲜、华丽，也会带来焦躁之感；黄色温和、光明、纯净、轻巧，也会带来憔悴、干燥之感；绿色是视觉中最为舒适的颜色，可以帮助消除疲劳。所以，应该尽量提高绿地的植物覆盖面积及“绿视率”，尤其是对于医院、疗养院以及老年人活动场所，更应该以绿色植物为主，要尽量少用大面积的鲜艳的颜色。而对于儿童活动场地则可以适当多种植色彩艳丽的植物，吸引儿童的注意力，也符合儿童天真活泼可爱的个性。紫色华贵、典雅端庄，但也会带来忧郁、恐惑、压抑之感；黑色肃穆、安静、坚实，也会带来神秘、忧伤之感；白色纯洁、高雅、轻盈，也会带来寒冷、哀伤之感。

（二）色彩的表现特征及搭配规律

所有的颜色都有自己的表现特征。通过不同色彩的搭配，可以增加植物景观的层次感、立体感、季相感和动感等。尤其是彩叶植物，色彩丰富，季相变化明显，与其他常绿植物、落叶树种、花卉、草坪及园林建筑、山石、水体相结合时，通过科学合理的搭配，可以创造出各种优美、迷人的景观效果。“双枫一松相后前，可怜老翁依少年。少年翡翠新衫子，老翁深衣青布被。更看秋风清露时，少年再换轻红衣。莫教一夜霜雪落，少年赤立无衣着，老翁深衣却不恶。”这是杨万里运用拟人的手法形象地描绘了两株枫树和一株青松配置在一起时的四季景观变化。“枫林在城西南隅……时夕照已转林腰，横射叶上，光彩如泼丹砂者，正坐吟远上寒山之句，希微间踽踽影动……”明朝钟人杰的《过枫林记》描述了红叶随着夕阳光线变化而展现出的动感。又如在林缘、路旁或林中空地栽植金黄色的银杏、无患子、金钱松、金叶刺槐、金叶皂荚等，可使这些地点明亮起来。设计师在进行植物选择、配置时，应根据色彩的特点进行合理的组合。

天然山水和天空的色彩是人们不能控制的，因此一般只能用作背景色使用，来增加其景观效果。园林中的水面颜色与水的深度、纯净程度、水边植物、建筑的色彩等关系密切，特别是受天空颜色影响较大。通过水面映射周围建筑及植物的倒影，往往可产生奇特的艺术效果，如“丹枫万叶碧云边，黄花千点幽岩下”就是描绘秋日的枫叶和菊花在碧云、幽岩映衬下形成的美妙景观。园林建筑和道路、广场、山石等的色彩，也常作为植物的背景色，江南园林中常见的墙面可起到画纸的作用。

（三）园林植物的色彩

1．干皮颜色

乔灌木枝干也具有重要的观赏特性，特别是当深秋叶落尽和深冬季节，枝干的形态、颜色更加醒目，成为秋冬季节的主要观赏景观。

2．叶色

自然界中大多数植物的叶色都为绿色，但仅绿色在自然界中就有嫩绿、浅绿、鲜绿、浓绿、黄绿、赤绿、褐绿、蓝绿、墨绿、亮绿、暗绿等深浅明暗不同的色度。多数常绿树种如山茶、女贞、桂花、榕树叶色为深绿色，而水杉、落羽杉、落叶松、金钱松、玉兰等的叶色为浅绿色。即使是同一绿色植物其颜色也会随着植物的生长、季节、环境及本身营养状况影响的改变而变化，如垂柳初发叶时为黄绿色，后逐渐变为淡绿色，夏秋季节为浓绿色。将不同绿色的植物搭配在一起，即能形成美妙的色感，如在暗绿色针叶树丛前，配置黄绿色树冠，会形成满树黄花的效果。

除绿色外，植物的叶色也有彩色的。凡是叶色随着季节的变化出现明显改变，或是终年具备似花非花的彩色叶，这些植物都被统称为色叶植物或彩叶植物。如春季银杏和乌桕的叶子为绿色，到了秋季银杏叶为黄色，乌桕叶为红色。鸡爪槭叶片在春天先红后绿，到秋季又变成红色。

①春色叶类：指春季萌发出的嫩叶有显著不同叶色的，红色或紫红色如香椿、臭椿、黄连木、栎树等，黄色如朴树、垂柳、石栎、金叶含笑等。

②新叶有色类：指不论季节，发出新叶都具有美丽色彩，宛如开花一样，如铁力木、领春木、桂花、栾树、乌药、马醉木等。

③常色叶类：指叶片常年呈异色，如紫叶小檗、紫叶李、紫叶矮樱、美人梅、红枫、金叶忍冬、金叶鸡爪槭、金叶假连翘、金叶女贞、金叶雪松、金塔柏、矮蓝偃松、翠柏等。

④双色叶类：指叶背与叶表的颜色显著不同，如银白杨、胡颓子、紫背桂、木半夏等。双色叶植物在微风中可形成特殊的闪烁变化的效果。

⑤斑色叶类：指叶片具有斑点或花纹或叶缘呈现异色镶边，故又称彩斑植物。有学者将其分为5类，分别是：彩斑分布于叶片周围的覆轮斑；带状条斑均布于叶片基部与叶尖间的条带斑；彩斑以块状随机分布于叶片上的虎皮斑；彩斑沿叶脉向外分布直至叶缘的扫迹斑；彩斑分布于叶片中脉的一侧，另一侧为正常色的切块斑。通常可根据彩斑的来源分为遗传性彩斑、生理性彩斑和病毒导致的彩斑等3类。遗传性彩斑是由叶绿体缺失、染色体畸变、嵌合体等方式形成。

⑥秋色叶类：指秋季叶片变色比较均匀一致、持续时间较长、观赏价值较高的类型。尽管所有的落叶植物在秋季都有叶片变色现象，但色泽不佳、持续时间短、观赏价值较低者，不宜归入秋色叶类型。

植物的叶色除了取决于自身生理特性之外，还会由于生长条件、自身营养状况等因素的影响而发生改变。如金叶女贞春季萌发的新叶色彩鲜艳夺目，随着植株的生长，中下部叶片逐渐复绿，对这类彩叶植物来说，多次修剪对其形成黄色十分有利。光照也是一个重要的影响因素，如金叶女贞、紫叶小檗等，光照越强叶片色彩越鲜艳。但是，一些室内观叶植物，如彩虹竹芋、孔雀竹芋等，只有在较弱的散光下才呈现斑斓的颜色，强光反而会使彩斑严重褪色。

此外，温度会影响叶片中花色素的合成，从而影响叶片呈色。一般来说，在早春的低温环境下，花色素的含量大大高于叶绿素，叶片的色彩十分鲜艳，而秋季早晚温差大，且气候干燥有利于花色素的积累，一些夏季复绿的叶片此时的色彩甚至会比春季更为鲜艳。如金叶红瑞木，春季为金色叶，夏季叶色复绿，秋季叶片呈现极为鲜艳夺目的红色；又如金叶风箱果，秋季叶色从绿色变为金色，与红色果实相互映衬，十分美丽。所以，植物配置的时候，考虑植物正常叶色和季相变化的同时，还要调查清楚植物的生境、苗木质量等因素，从而保证发挥植物的最佳观赏效果。

3．花色

花色是植物观赏特性中最为重要的一方面，在植物诸多审美要素中，花色给人的美感最直接、最强烈。充分发挥这一观赏特性，需要掌握植物的花色，并且明确植物的花期，同时以色彩理论作为基础，合理搭配花色和花期。

需要注意的是，自然界中某些植物的花色并不是一成不变的，有些植物的花色会随着时间的变化而改变。比如金银花一般都是一蒂双花，刚开花时花色为象牙白色，两三天后变为金黄色，这样新旧相参，黄白相映，所以得名金银花。杏花，在含苞待放时是红色，开放后渐渐变淡，最后几乎变成了白色。世界上著名的水生观赏植物王莲，傍晚时分刚出水的蓓蕾绽放出洁白的花朵，第二天清晨，花瓣又闭合起来，待到黄昏花儿再度怒放时花色变成了淡红色，后又逐渐变成了深红色。在变色花中最奇妙的要数三醉木芙蓉，花可一日三变，清晨刚绽放时为白色，中午变成淡红色，而到了傍晚又变成深红色。另外，有些植物的花色会随着环境的变化而变化，如八仙花的花色随着土壤的 pH 值的不同会有所变化，生长在酸性土壤中的花为粉红色，生长在碱性土壤中的花为蓝色，所以八仙花不仅可以用来观赏，也可以指示土壤的 pH 值。

4．果实或种子的颜色

“一年好景君须记，最是橙黄橘绿时。”自古以来，观果植物就在园林中被广泛使用，如苏州拙政园的“待霜亭”，是取唐朝诗人韦应物的“洞庭须待满林霜”的诗意。因洞庭产橘，霜降过后方红，此处原种植洞庭橘十余株，故此得名。很多植物的果实色彩鲜艳，甚至经冬不落，在万物凋零的冬季也是一道难得的风景。

（四）园林植物的色彩搭配

1．单色应用

以一种色彩布置于园林中，如果面积较大，则会显得景观大气，视野开阔。所以，现代园林中常采用单种花卉群体大面积栽植的方式形成大色块的景观。但是，单一色彩一般显得单调，若在大小、姿态上取得对比，景观效果会更好，如绿色草地中的孤立树，园林中的块状林地等。

2．类似色配合

类似色配合在一起，用于从一个空间向另一个空间过渡的阶段，给人柔和安静的感觉。园林植物片植时，如果用同一种植物且颜色相同，则没有对比和节奏的变化。因此，常用同一种植物不同色彩的类型栽植在一起，如金盏菊的橙色与金黄色、月季的深红色与浅红色搭配，可以使色彩显得活跃。例如，住宅小区整个色调以大片的草地为主，中央有碧绿的水面，草地上点缀着造型各异的深绿、浅绿色植物，结合白色的园林设施，显得宁静和高雅。又如，花坛中色彩从中央向外依次变深变淡，具有层次感，舒适、明朗。

3．双色配合

采用补色配合，如红与绿，会给人醒目的感觉。例如，大面积草坪上配置少量红色的花卉，在浅绿色落叶树前栽植大红的花灌木或花卉，如红花碧桃、红花紫薇和红花美人蕉等，可以得到鲜明的对比。其他两种互补颜色的配合还有玉簪与萱草、桔梗与黄波斯菊、黄色郁金香与紫色郁金香等。

邻补色配合可以得到活跃的色彩效果。金黄色与大红色、青色与大红色、橙色与紫色的配合等均属此类型。

4．多色配合

多种色彩的植物配置在一起会给人生动、欢快、活泼的感觉，如布置节日花坛时常用多种颜色的花卉配置创造欢快的节日气氛。

三、园林植物的质地特征与观赏特性

（一）园林植物的质地类型

园林植物的质感是指园林植物给人的视觉感和触觉感，是人对自然质地所产生的心理感受。

质感会受到观赏距离等因素影响。植物的质地虽不像色彩、姿态那样引人注目，但其对于景观设计的协调性、多样性、视距感、空间感，以及设计的情调、观赏情感和气氛有着很深的影响。

枝干的形状、大小、粗细、密度及叶的质地不同，会产生不同的质感，观赏效果也就不同。尤其是叶片的质地，对园林植物的质感影响较大。革质的叶片，一般有较强的反光能力，由于叶片较厚、颜色较浓暗，故有光影闪烁的效果，如黄杨、女贞、珊瑚树、香樟、榕树等。纸质、膜质叶片，呈半透明状，给人恬静之感，如木槿、痒痒树、海棠等。粗糙多毛的叶片，多富于野趣，如毛刺槐、毛白杨、糙叶树、枸骨。不同质地的叶片，再与叶形联系起来，使整个树冠产生不同的质感，如绒柏整个树冠有如绒团，呈柔软秀美效果，而枸骨则具有坚硬多刺的效果。

根据在景观中的特性及潜在用途，园林植物的质地可分为粗质型、中质型及细质型。

1．粗质型

此类型植物通常具有大叶片、疏松粗壮的枝干以及松散的树形。粗质型植物给人以强壮、坚固、刚健之感，粗质与细质的搭配，具有强烈的对比性，会产生“跳跃”之感，故在景观设计中可作为中心物加以装饰和点缀。外观粗糙的植物会产生拉近的错觉，种植在花境的远端，可以产生缩短花境的效果。但过多使用粗质型植物有可能会显得粗鲁而无情调。另外，粗质型植物可使景物趋向赏景者，从而带来空间狭窄、拥挤的感受，狭小空间如宾馆、庭院内慎用。

粗质型园林植物有火炬树、核桃、广玉兰、臭椿、刺桐、木棉等。

2. 中质型

此类植物具有中等大小叶片、枝干以及具有适中的树型。多数植物都属于此类型。在进行景观设计时，中质型植物与细质型植物的连续搭配给人自然统一的感觉。

3. 细质型

具有许多小叶片和微小脆弱的小枝以及整齐密集而紧凑的冠形的植物属于此类型。细质型植物给人以柔软、纤细的感觉，在景观中容易被人忽视。细质型植物可带来距离扩大的感觉，故宜用于紧凑、狭窄的空间设计。同时，细质型植物叶小而浓密，枝条纤细而不易显露，所以轮廓清晰，外观文雅而细腻，宜作背景材料，以展示整齐、清晰、规则的效果。

细质型园林植物有榉树、鸡爪槭、馒头柳、珍珠梅、地肤、文竹、石竹、金鸡菊、野牛草、结缕草等。

（二）园林植物质地在景观设计中的应用

园林植物质地的设计与运用应遵循美学的艺术原则，但因其特殊的植物材料性质，随时间与季节的变化而会表现出不同的性状，故设计者应把握不同植物的质地特征。

1. 园林植物的质地应有利于表达景观意象

质地的选取和使用必须结合植物自身的体量、姿态与色彩，注意变化与协调统一，增强和突出所要表达的景观意象。构图的立意要突出某个焦点，应选用细质型植物材料，在景观上不喧宾夺主。

2. 均衡地使用三种不同类型的植物

在植物造景中，质感种类运用少，布局会显得单调；质感种类过多，布局会显得杂乱。欲创作有重点、有特征的质感效果，整体性与聚合性的质地材料是选择的关键，均衡地把握粗质地、中质地及细质地在方位及量上的合理配置，才能造就赏心悦目的景观。在植物造景中不同质地的植物过渡要自然，比例要合适。

3. 随空间距离、时间和季节的变化，园林植物的质地表现不同

造景中应把握植物不同季节的质感变化，合理运用。如柳树等落叶植物，夏季是细质型，而秋冬落叶以后会呈现粗质型的特征。

4. 不同质地材料的选择要与空间大小相适应、与环境相协调

如大空间设计时，粗质型植物应居多，这样空间会因粗糙刚健而契合较好；小空间细质型植物应居多，这样使空间精致细腻。在娱乐区，应种植低矮、花色艳丽、质地小巧的花，使人心情愉悦；在休息区里应种植花色相似、质地较轻的花，使人放松。建筑材料质地表现力较强，故在选择搭配置物时要

协调统一。例如，钢筋混凝土结构的栅栏，造型一般都比较粗糙、浑厚，配置的藤本植物要选择枝条粗壮、色彩斑斓的，如藤本月季、金银花、南蛇藤等粗质地的植物。江南地区的竹编篱笆质地柔和、纤巧，配置的藤本植物应柔软、秀丽，如茑萝、观赏葫芦等。

四、园林植物的芳香特征与观赏特性

（一）芳香植物及其类型

凡是兼有药用植物和香料植物共有属性的植物均称为芳香植物，因此芳香植物是兼具观赏、药用、食用价值于一身的特殊植物类型。芳香植物包括香草、香花、香蔬、香果、芳香乔木、芳香灌木、芳香藤本、香味作物 8 类。

（二）芳香植物的应用与禁忌

1．芳香植物的应用

芳香植物的运用可以拓展园林景观的功能。既可建造以芳香植物为主的芳香植物专类园，也可搭配种植芳香植物。例如，可在开阔的草地中种植白兰花、香樟、玉兰等；在游人停留驻足处，可以种植香气较浓的秋天的桂花、冬天的蜡梅等；在路边可以种植低矮的芳香灌木和亚灌木如迷迭香、鼠尾草、百里香、薰衣草、朝雾草、矮牵牛等；水中可种植荷花、香蒲等；还可以适当种植一些具有芳香气味的果树或蔬菜等，如柑橘类、杨梅、苹果、薄荷、茴香、紫苏等。

随着生活水平的提高，植物保健绿地应运而生，它有益于健康，利于人们放松心情。“森林疗法”“芳香疗法”等就属此类。有心理学家试验结果表明，香味能消除人的疲劳紧张，还能减少操作失误。

芳香植物也常常成为夜花园或盲人花园的主要建园植物，以嗅觉来弥补视觉的缺憾。在夜花园中，常常选用浅色、具有芳香的植物，如月见草、晚香玉、玉簪、夜来香、茉莉、白丁香、栀子花、含笑、桂花等。盲人园不必过多考虑色彩因素，可适当布置一些对盲人身心健康有利的香花植物，通过嗅觉使盲人能够感觉到植物的存在，使其身心有所放松。

2．芳香植物的应用禁忌

虽然多数园林植物的香气能使人浑身舒畅，心情愉快，有利于身心健康，甚至可以直接治疗疾病，但应该注意的是，芳香植物也并非全都有益，有些芳香植物对人体是有害的。例如，夹竹桃的茎、叶、花都有毒，其气味如闻得过久，会使人昏昏欲睡，智力下降；夜来香在夜间停止光合作用后会排出大量废气，这种废气闻起来很香，但对人体健康不利，如果长期把它放在室内，会引起头晕、咳嗽，甚至气喘、失眠；百合花所散发的香气如闻之过久，会使人的中枢神经过度兴奋而引起失眠；松柏类植物所散发出来的芳香气味对人体的肠胃有刺激作用，如闻之过久，会影响人的食欲，甚至会使孕妇烦躁、恶心、头晕；月季花所散发的浓郁香味，初觉芳香可人，时间一长会使一些人产生郁闷不适、呼吸不畅。园林设计师应该在准确掌握植物生理特性的基础上对其合理利用。

第二节　园林植物造景的生态学原理

一、温度对植物的生态作用

（一）季节性变温对植物的影响

温度因子对于植物的生理活动和生化反应是极其重要的，以致温度因子的变化对植物的生长发育和分布具有极大影响。

一个地区的植物由于长期适应于该地区季节性的变化，就形成一定的生长发育节奏，称为物候期。物候期不是完全不变的，它随着每年季节性变温和其他气候因子的综合作用而会有一定范围的波动。在园林建设中，只有对当地的气候变化以及植物的物候期有充分的了解，才能发挥植物的园林功能并采取合理的栽培管理措施。

（二）昼夜变温对植物的影响

植物对昼夜变化的适应性称为“温周期”。昼夜变温可以影响植物种子的发芽、植物的生长、植物的开花结实等。

植物的温周期特性与植物的遗传性和原产地日温变化的特性有关。一般而言，原产于大陆性气候地区的植物在日变幅为 10 ～ 15 ℃条件下生长发育最好；原产于海洋性气候区的植物在日变幅为 5 ～ 10 ℃条件下生长发育最好；一些热带植物能在日变幅很小的条件下生长发育良好。

（三）突变温度对植物的影响

植物在生长期中如遇到温度的突然变化，会打乱植物生理进程的程序。当温度高于植物能够适应的温度范围的最高点或低于最低点就会破坏植物的新陈代谢，对植物造成伤害甚至导致死亡。

二、光照对植物的生态作用及景观效果

（一）光照强度对植物的影响

根据植物对光照强度的反应，可将植物分成 3 种生态类型：阳性植物、阴性植物和居于这两者之间的中性植物（又称耐阴植物）。在自然界的植物群落

组成中，可以看到乔木层、灌木层、地被层。各层植物所处的光照条件都不相同，这是长期适应的结果，从而形成了植物对光的不同生态习性。

1．阳性植物

在全日照下生长良好而不能忍受荫蔽的植物称为阳性植物。例如落叶松属、松属（华山松、红松除外）、水杉属、桦木属、桉属、杨属、柳属、栎属的多种树木和臭椿、乌桕、泡桐，以及草原、沙漠及旷野中的多种草本植物。

2．阴性植物

在较弱的光照条件下比在全光照下生长良好的植物称为阴性植物。如许多生长在潮湿、阴暗密林中的草本植物，又如人参、三七、秋海棠属的多种植物。严格地说，木本植物中很少有典型的阴性植物，而多为喜阴植物，这点是与草本植物不同的。

3．中性植物

中性植物在充足的阳光下生长最好，但也有一定程度的耐阴能力，高温干旱时在全光照下生长受抑制，这类植物称为中性植物。在中性植物中包括有偏喜光的与偏阴性的种类。如榆属、朴属、榉属、樱花、枫杨等为中性偏阳；槐、木荷、圆柏、珍珠梅、七叶树、元宝枫、五角枫等为中性稍耐阴；冷杉属、云杉属、福建柏属、铁杉属、粗榧属、红豆杉属、椴属、杜英、大叶槠、甜槠、阿丁枫、荚速属、八角金盘、常春藤、八仙花、山茶、桃叶珊瑚、构骨、海桐、杜鹃花、忍冬、罗汉松、紫楠、棣棠、香榧等均属中性而耐阴力较强的种类，因为这些树种在温、湿适宜条件下，生长在光线充足处比林下阴暗处强健。中性植物在同一植株上，处于阳光充足部位枝叶的解剖构造倾向于喜光植物，而处于阴暗部位的枝叶解剖构造则倾向于阴性植物。

（二）光质对植物的影响

植物在全光范围，即在白光下才能正常生长发育，但白光中的不同波长如红光（760 ~ 626 nm）、橙光（626 ~ 595 nm）、黄光（595 ~ 575 nm）、绿光（575 ~ 490 nm）、青蓝光（490 ~ 435 nm）、紫光（435 ~ 370 nm）对植物的作用是不完全相同的。青蓝紫光对植物的加长生长有抑制作用，对幼芽的形成和细胞的分化均有重要作用，它们还能抑制植物体内某些生长激素的形成因而抑制了茎的伸长，并产生向光性。它们还能促进花青素的形成，使花朵色彩艳丽。紫外线也有同样的功能，所以在高山上生长的植物，节间短而花色鲜艳。可见光中的红光和不可见的红外线都能促进茎的加长和促进种子及孢子的萌发。对植物的光合作用而言，以红光的作用最大，其次是蓝紫光。红光有助于叶绿素的形成，促进二氧化碳的分解与碳水化合物的合成；蓝光则有助于有机酸和蛋白质的合成；而绿光及黄光则大多被叶子所反射或透过而很少被利用。

（三）光照时间对植物的影响

每日光照时数与黑暗时数的交替对植物开花的影响称为光周期现象。按此可将植物分为 3 类：

1．长日照植物

植物在开花以前需要有一段时期，每日的光照时数大于 14 h 的临界时数，这样的植物称为长日照植物。如果满足不了这个条件，则植物将仍然处于营养生长阶段而不能开花；反之，日照愈长开花愈早。

2．短日照植物

植物在开花前需要一段时间，每日的光照时数少于 12 h 的临界时数，这样的植物称为短日照植物。日照时数越短则开花越早，但是每日的光照时数不得短于维持生长发育所需的光合作用时间。有人认为，短日照植物需要一定时数的黑暗而非光照时数。

3．中日照植物

只有在昼夜长短时数近于相等时才能开花的植物，称为中日照植物。

4．中间性植物

对光照和黑暗长短没有严格要求，只要发育成熟，无论长日照条件或短日照条件下均能开花的植物，称为中间性植物。

各种植物在长期的系统发育过程中所形成的特性，是对生境适应的结果。大多数长日照植物发源于高纬度地区，而短日照植物发源于低纬度地区，中间性植物则各地均有分布。

日照的长短对植物的营养生长和休眠也有重要的作用。延长光照时数会促进植物的生长或延长生长期，缩短光照时数则会促使植物进入休眠或缩短生长期。

三、水分对植物的生态作用及相应条件下植物景观的营造

（一）水分对植物的重要性

水分是植物体的重要组成部分。一般植物韧皮部都含有 60% ～ 80%，甚至 90% 以上的水分。植物对营养物质的吸收和运输，以及光合、呼吸、蒸腾等生理作用，都必须在有水分的参与下才能进行。水是植物生存的物质条件，也是影响植物形态结构、生长发育、繁殖及种子传播等重要的生态因子。因此，水可直接影响植物能否健康生长，促进形成具有多种特殊效果的植物景观。

（二）由于水分因子起主导作用而形成的植物生态类型

1．旱生植物

在干旱的环境中能长期忍受干旱而正常发育的植物类型称为旱生植物。此

类植物多见于雨量稀少的荒漠地区和干燥的低草原地区，个别的也可见于城市环境中的屋顶、墙头，以及危岩陡壁上。根据它们的形态和适应环境的生理特性又可分为以下 3 类：

①少浆植物或硬叶旱生植物：体内的含水量很少，而且在丧失 1/2 含水量时仍不会死亡。

②多浆植物或肉质植物：植物体内有薄壁组织形成的储水组织，所以体内含有大量水分，能适应干旱的环境条件。根据储水组织所在部位，又可分为肉茎植物和肉叶植物。

多浆植物有特殊的新陈代谢方式，生长缓慢，但因本身贮有充分的水分。故在热带、亚热带沙漠中其他植物难以生存的条件下，仙人掌类、肉质植物类却能很好地适应。

③冷生植物或干矮植物：此类植物具有旱生少浆植物的旱生特征，但又有自己的特点，一般均形体矮小，多呈团状或垫状。其生长环境依水分条件可划分为两种：一种是土壤干旱而寒冷，因而植物具有旱生性状；另一种是土壤湿润甚至多湿而寒冷，植物也呈旱生性状，其原因是气候寒冷而造成生理上的干旱。前者又可称为干冷生植物，常见于高山地区；后者又可称为湿冷生植物，常见于寒带、亚寒带地区。这是温度与水分因子综合影响所致。

2．中生植物

大多数植物均属于中生植物，不能忍受过干和过湿的条件，但是由于种类众多，因而对干与湿的忍耐程度方面具有很大差异。耐寒力极强的种类具有旱生性状的倾向，耐湿力极强的种类则有湿生植物的性状的倾向。中生植物特征是根系及输导系统均较发达，叶片表面有一层角质层，叶片的栅栏组织和海绵组织均较整齐，叶片内没有完整而发达的通气组织。

中生植物中的木本植物，如油松、侧柏、酸枣等有很强的耐旱性，但仍然以在干湿适度的条件下生长最佳；而如桑树、旱柳、乌柏、紫穗槐等，则有很高的耐水湿能力，但仍然以在中生环境下生长最佳。

3．湿生植物

需生长在潮湿的环境中，若在干燥或中生的环境则常致死亡或生长不良，这类植物称为湿生植物。根据实际的生态环境又可分为两种类型：

①阳性湿生植物：指生长在阳光充足、土壤水分经常饱和或仅有较短的较干期地区的湿生植物，如在沼泽化草甸、河湖沿岸地生长的鸢尾、半边莲、落雨杉、池杉、水松等。

②阴性湿生植物：指生长在光线不足、空气湿度较高、土壤潮湿环境下的湿生植物。热带雨林或亚热带季雨林中、下层的许多种类均属于此型，如多种蕨类、海芋、秋海棠类及多种浮生植物。

4．水生植物

生长在水中的植物叫水生植物，又可分为3个类型：

①挺水植物：植株体的大部分露在水面以上的空气中，如芦苇、香蒲等。红树则生于海岸滩浅水中，满潮时全树没于水中，落潮时露出地面，故称为海中森林。

②浮水植物：叶片漂浮在水面的植物，又可分为2个类型：一是半浮水型，根生于水下泥中，仅叶及花浮在水面，如荇蓬草、睡莲等，称浮叶植物；二是全浮水型，植株体完全自由地漂浮在水面上，如凤眼莲、萍蓬、槐叶萍、满江红等，称漂浮植物。

③沉水植物：植株体完全浸没在水中，如金鱼藻、苦草等。

水生植物的形态和特点是植株体的通气组织发达；在水面以下的叶片大，在水中的叶片小；呈带状或丝状，叶片薄；表皮不发达，根系不发达。

（三）水分与植物景观

1．空气湿度与植物景观

空气湿度对植物生长起很大作用。高海拔山上的植物多生长在岩壁上、石缝中、瘠薄的土壤母质上，或附生于其他植物上。这类植物没有坚实的土壤基础，其生长与较高的空气湿度休戚相关。而在高温高湿的热带雨林中，高大的乔木上常附生有大型的蕨类，如鸟巢蕨、书带蕨、星蕨等，这些蕨类都发展了自己特有的贮水组织。如海南岛尖峰岭上，树干、树枝以及地面长满苔藓、地生兰、气生兰。天目山、黄山的云雾草必须生长在高海拔处，只有达到足够的空气湿度才能附生在树上。花朵艳丽的独蒜兰和吸水性很强的苔藓一起生长在高海拔的岩壁上。黄山鳌鱼背的土壤母质上长着绣线菊等耐瘠薄的观赏植物，依靠较高的空气湿度维持生长。对上述这些自然的植物景观进行模拟时，要保证相对空气湿度不低于80%的环境，如在展览温室中进行人工的植物景观创造，一段朽木上就可以附生很多开花艳丽的气生兰、花与叶子美丽的凤梨科植物以及各种蕨类植物。

2．水面与植物景观

不同的植物种类由于长期生活在不同水分条件的环境中，形成了对水分需求不同的生态习性和适应性。园林中有不同类型的水面，如河、湖、塘溪、潭、池等，其水的深度及面积、形状不同，必须选择相应的植物来美化。

①水生植物景观：生活在水中的水生植物，有的沉水，有的浮水，有的部分器官挺出水面，因此在水面上景观不同。由于植物体所有水下部分都能吸收养料，因此根系部分就往往退化了。如槐叶萍属完全没有根；满江红属、浮萍属、水鳖属、雨久花属和大薄属等植物的根形成后，不久便停止生长，不分枝，并脱去根毛；浮萍、杉叶藻、白睡莲甚至都没有根毛。

水生植物的枝叶形状也多种多样，如金鱼藻属植物沉水的叶常为丝状、线状，荇菜、萍蓬草等浮水的叶常很宽，呈盾状口形或卵圆状心形。不少植物，如菱属有两种叶，沉水叶呈线形，浮水叶呈菱形。

②湿生植物景观：在自然界中，这类植物的根常没于浅水中或湿透了的土壤中，常见于港湾或热带潮湿、荫蔽的森林里。这是一类抗旱能力最小的陆生植物，不适应空气湿度有很大的变动。这类植物绝大多数也是草本植物，木本较少。植物造景中可用的有落羽松、池杉、墨西哥落羽松、水松、水椰、红树、白柳、垂柳、旱柳、黑杨、枫杨、箬棕、沼生海枣、乌柏、白蜡、山楂、赤杨、梨、楝、三角枫、丝棉木、夹竹桃、榕属、千屈菜、黄花鸢尾、驴蹄草，等等。

③旱生植物景观：荒漠、沙漠、戈壁等干旱地区生长着很多抗旱植物。如海南岛荒漠及沙滩上的光棍树、木麻黄的叶都退化成很小的鳞片，伴随着龙血树、仙人掌等植物生长。一些多浆的肉质植物，在叶和茎中贮存着大量水分。猴面包树树干最粗可达 40 人合抱，储水达 40 t 之多。南美洲中部的瓶子树，树干粗达 5 m，也能储藏大量水分。北美沙漠中的仙人掌，高可达 15 m ～ 25 m，可蓄水 2 t 以上。我国黄土高原土层深厚，一些树种的根系可以扎得很深。在沙漠干旱地区的樟子松，由于沙被风蚀，根露出地面高约 2 m，风却吹不倒，其水平根的分布长达 17 m ～ 18 m。

我国樟子松、小青杨、小叶杨、小叶锦鸡儿、柳叶绣线菊、雪松、白柳、旱柳、构树、黄檀、榆、朴、胡颓子、皂荚、柏木、侧柏、桧柏、臭椿、杜梨、槐、黄连木、君迁子、白栎、栓皮栎、石栎、苦槠、合欢、紫藤、紫穗槐等都很抗旱，是旱生景观造景的良好树种。

四、土壤对植物的生态作用

土壤是植物生长的基质，其对植物最明显的作用之一就是提供植物根系生长的场所。植物根系在土壤中获取植物需要的水分、养分。

（一）成土母质

不同的成土母质的岩石风化后形成不同性质的土壤，不同性质的土壤上有不同的植被，因而就具有了不同的植物景观。

成土母质岩石风化物对土壤性状的影响，主要表现在物理、化学性质上，如土壤厚度、质地、结构、水分、空气、湿度、养分等状况以及酸碱度等。

如石灰岩主要由碳酸钙组成，属钙质岩类风化物。由于风化过程中碳酸钙受酸性水溶解，大量随水流失，土壤中缺乏磷和钾，呈中性或碱性反应，黏实，易干。因此，石灰岩地不宜针叶树生长，宜喜钙耐旱植物生长，上层乔木则以落叶树占优势。砂岩属硅质岩类风化物，在湿润条件下形成酸性土，营养元素贫乏。流纹岩也难风化，在干旱条件下，多石砾或沙砾质，在温暖湿润条件下呈酸性或强酸性，形成红色黏土或砂质黏土。这些环境中适宜生长的植被以常绿树种较多，如青冈栎、米槠、苦槠、浙江楠、紫楠、香樟等，也适合马尾松、毛竹生长。

（二）土壤物理性质对植物的影响

土壤物理性质主要指土壤的机械组成。理想的土壤是疏松、有机质丰富、保水和保肥力强、有团粒结构的壤土。植物在理想的土壤上生长得健壮长寿。

城市土壤的物理性质具有极大的特殊性，很多为建筑土壤，含有大量砖瓦与碴士：含量在 30% 以下时，有利于在城市土壤承受剧烈压踏下的通气，使植物根系能够生长良好；高于 30%，则保水不好，不利于根系生长。

人踩车压还增加了土壤的硬度。土壤被踩踏紧密后，造成土壤内孔隙度降低，土壤通气不良，抑制植物根系的伸长生长，使根系上移。一般人流影响土壤深度为 3 cm ～ 10 cm，土壤硬度为 14 kg ～ 18 kg/ cm^2；车辆影响到深度 30 cm ～ 35 cm，土壤硬度为 10 kg ～ 70 kg/ cm^2；机械反复碾压的建筑区，影响土壤深度可达 1m 以上。据调查，油松、白皮松、银杏、元宝枫在土壤硬度 1 kg ～ 5 kg/ cm^2 时，根系多；5 kg ～ 8 kg/ cm^2 时较多，15 kg/ cm^2 时根系量少，大于 15 kg/ cm^2 时，没有根系。

城市内一些地面用水泥、沥青铺装，封闭性大，留出树池很小，会造成土壤透气性差、硬度大。大部分裸露地面由于过度踩踏，地被植物长不起来。

（三）土壤 pH 值与植物生态类型

土壤酸碱度划分成 5 级：pH 值＜ 5 为强酸性；pH 值 =5 ～ 6.5 为酸性；pH 值 =6.5 ～ 7.5 为中性；pH 值 =7.5 ～ 8.5 为碱性；pH 值＞ 8.5 为强碱性。

1．依对土壤酸碱度的适应性划分的植物类型

①酸性土植物：指在 pH 值小于 6.5 的土壤中生长得很好的植物，如马尾松，湿地松、金钱松、华山松、罗汉松、紫杉、杉木、池杉、山茶、杜鹃、吊钟花、九里香、栀子花、樟树、桉树、冬青、杨梅、茉莉、白兰花、含笑、石楠、苏铁等。其中，适宜弱酸性土的花木（pH 值 4 ～ 5）有杜鹃、仙客来，栀子花，彩叶草、紫鸭跖草、蕨类、兰科植物等；适宜中性偏微酸土的花木（pH 值 5 ～ 6）有棕榈科、白兰、五针松、秋海棠、朱顶红、樱草、山茶花、茉莉、米兰、百合、唐菖蒲、大岩桐等。

②中性土植物：指在 pH 值为 6.5 ～ 7.5 的土壤中生长得很好的植物，大多数的园林植物均属此类。

③碱性土植物：指在 pH 值大于 7.5 的土壤中生长的植物，如柏木、柽柳、合欢、紫穗槐、沙棘、木槿等。

④含有游离的碳酸钙的土壤称为钙质土，有些碱性土植物在钙质土中生长

良好，称为钙质土植物（喜钙植物），如柏木、青檀、臭椿、南天竹等。

2. 依对土壤含盐量的适应性划分的植物类型

我国沿海地区和西北内陆干旱地区中有相当大面积的盐碱土地区，依植物在盐碱土中生长发育的类型可分为以下 4 类：

①喜盐植物：对一般植物而言，土壤含盐量超过 0.6% 时即生长不良，但喜盐植物可以在 1% 甚至超过 6% 氯化钠浓度的土中生长。喜盐植物可以吸收大量可溶性盐类并聚集在体内，这类植物对高浓度盐分已经成为生理需求，如黑果枸杞、梭梭等。旱生喜盐植物主要分布于内陆干旱盐土地区；湿生喜盐植物主要分布于沿海海滨。

②抗盐植物：这类植物的根细胞膜对盐类的渗透性很小，因此，很少吸收土壤中的盐类，如田菁、盐地风毛菊等。

③耐盐植物：这类植物能从土壤中吸收盐分，但并不在体内积累，而是将多余的盐分经茎叶上的盐腺排出体外，即泌盐作用，有红树、柽柳等。

④碱土植物：这类植物能适应 pH 值 8.5 以上和物理性质极差的土壤条件。

3. 依对土壤肥力要求划分的植物类型

绝大多数植物喜生于深厚肥沃而适当湿润的土壤，但从园林植物造景考虑，宜选择出耐瘠薄土地的植物，如马尾松、小檗、锦鸡儿等，这类植物称为瘠土植物。与此相对的是喜肥植物，如梧桐、瑞香等。

五、空气对植物的生态作用

（一）空气中对植物起主要作用的成分

空气中的氧气和二氧化碳都是植物光合作用的主要原料和物质条件。这两种气体的浓度直接影响到植物的健康生长与开花状况。

1. 氧气和二氧化碳

氧气是植物呼吸作用必不可少的，但在空气中它的含量基本上是不变的，所以对植物的地上部分不形成特殊的作用，但是植物根部的呼吸，水生植物尤其是沉水植物的呼吸作用则依靠土壤中和水中的氧气含量。如果土壤中的空气不足，会抑制根的伸长以致影响到全株的生长发育。因此，在栽培上经常要耕松土壤避免土壤板结。在黏质土壤上，有的需多施有机肥或换土以改善土壤物理性质。在盆栽中，经常要配合更换具有优良理化性质的培养土。

二氧化碳是植物光合作用必需的原料。以空气中二氧化碳的平均浓度为 320 mg/L 计，从植物的光合作用角度来看，这个浓度仍然是个限制因子。有生理试验表明，在光强为全光照 1/5 的实验室内，将二氧化碳浓度提高 3 倍时，光合作用强度也提高 3 倍。但是，如果二氧化碳浓度不变而仅将光强提高 3 倍时，则光合作用仅提高 1 倍。因此，在现代栽培技术中，有些温室采用施用二氧化碳气体的措施。二氧化碳浓度的提高，除有增强光合作用效果外，还有促进某些雌雄异花植物的雌花分化率提高的效果，因此可以用于提高植物的产量。

2．氮气

空气中的氮虽然占 4/5 之多，但是高等植物却不能直接利用它，只有固氮微生物和蓝绿藻可以吸收和固定空气中的游离氮。根瘤菌是与植物共生的一类固氮微生物，它的固氮能力因所共生的植物种类而不同。据测算，1 km^2 的紫花苜蓿一年可固氮达 200 kg 以上，1 km^2 大豆或花生可达 50 kg 左右。此外，蓝绿藻的固氮能力也较强。

空气中还常含有植物分泌的挥发性物质，其中有些也能影响其他植物的生长。如铃兰花朵的芳香能使丁香萎蔫，洋艾分泌物能抑制圆叶当归、石竹、大丽菊、亚麻等的生长。

（二）空气流动对园林植物的影响

风对植物有利的生态作用表现在帮助授粉和传播种子。兰科和杜鹃花科的种子细小，质量不超过 0.002 mg，杨柳科、菊科、萝藦科、铁线莲属、柳叶菜属植物有的种子带毛，榆属、槭属、白蜡属、枫杨属、松属某些植物的种子或果实带翅，这些都借助于风来传播。此外，银杏、松、云杉等的花粉也都靠风传播。

风的有害的生态作用表现为台风、焚风、海潮风、冬春的旱风、夏季的干热风、高山强劲的大风等。沿海城市树木常受台风危害，如厦门市，台风过后，冠大荫浓的榕树被连根拔起，大叶桉主干折断，凤凰木小枝纷纷吹断，盆架树由于大枝分层轮生，风可穿过，只折断小枝，只有椰子树和木麻黄最为抗风。海潮风常把海中的盐分带到植物体上，如抗不住高浓度的盐分，植物就要死亡。青岛海边红楠、山茶、黑松、大叶黄杨、大叶胡颓子、柽柳的抗性就很强。北京早春的干风是植物枝梢干枯的主要原因。由于土壤温度还没提高，根部还没恢复吸收机能，在干旱的春风下，枝梢失水而枯。强劲的大风常在高山、海边、草原上遇到。由于大风经常性地吹袭，使直立乔木的迎风面的芽和枝条干枯、侵蚀、折断，只保留背风面的树冠，如一面大旗，故形成旗形树冠的景观。有些迎风面枝条，常被吹弯曲到背风面生长，有时主干也常年被吹成沿风向平行生长，出现扁化现象。为了适应多风、大风的高山生态环境，很多植物生长低矮、贴地，株形变成与风摩擦力最小的流线型，成为垫状植物。

（三）空气中的污染物质及其对植物的影响

1．空气中的污染物质

工业的迅速发展和防护措施的缺乏或不完善，造成了大气和水源污染。空气中的污染物按其毒害机制可分为 6 个类型：

①氧化性类型：臭氧、过氧乙酰硝酸酯类、二氧化氮、氯气等。

②还原性类型：二氧化硫、硫化氢、一氧化碳、甲醛等。

③酸性类型：氟化氢、氯化氢、氰化氢、三氧化硫、四氟化硅、硫酸烟雾等。

④碱性类型：氨等。

⑤有机类型：乙烯等。

⑥粉尘类型：按其粒径大小又可分为落尘（粒径在10μm以上）及飘尘（粒径在10μm以下），如各种重金属无机毒物及氧化物粉尘等。在城市中汽车过多的地方，由汽车排放的尾气经太阳光紫外线的照射会发生光化学作用变成浅蓝色的烟雾，称为光化学烟雾。

2．大气污染对植物的影响

被污染的空气中的有毒气体破坏了叶片组织，降低了光合作用，直接影响了生长发育，表现在生长量降低、早落叶、延迟开花结实或不开花结果、果实变小、产量降低、树体早衰等。

第三节　园林植物造景的配置方式

一、棕榈型植物在园林中的应用方式

棕榈型植物包括苏铁科和棕榈科的全部树种。一般人以为棕榈型植物只是适合于高温潮湿之热带地区种植，其实部分较耐寒的棕榈植物已被引至亚热带及温带地区种植及繁殖，并得到成功。目前，据记录，最耐寒的棕榈植物可在 -22 ℃下存活，数十个品种都能耐寒至 -50 ℃。

有些棕榈型植物树型多样、独特，颇具南国风光特色，高大的树种可达数十米，树姿雄伟，茎干单生，苍劲挺拔，加上叶型美观，与茎干相映成趣，可做主景树；有些种类，茎干丛生，树影婆娑，宜作配景树种；低矮的种类，株型秀丽，宜栽种于盆中，作盆景观赏。棕榈型植物可以单植、列植或群植，广泛应用于道路、公园、庭院、厂区及盆景绿化。

棕榈型植物以其形态优美、生命力顽强及容易种植等优点，早就流行于欧美园林界。目前许多国际名城都广泛采用棕榈型植物作为行道树、庭院树、室内摆设及游泳池边用树。棕榈科植物的树干富有弹性，不易折断，不易掉叶，所以非常适合园林绿化。近几年，我国的海南、广州、上海等城市园林绿地中也积极引种了很多棕榈型植物，营造了许多优美的景观。

棕榈型植物几乎成了热带风光的标志，在植物造景的意境构思上，为设计者提供了极佳的素材。它不仅见于传统园林，而且更多地出现于现代园林中。棕榈型植物在园林设计中的应用主要有以下几种方式：

（一）主题点景

棕榈型植物以其优美的形态给人们留下了深刻印象。无论是高大挺拔的华盛顿葵，霸气十足的加拿利海枣，还是清秀婀娜的美丽针葵，都在园林配置上占有重要地位。在众多植物中，它们常常是人们视线的焦点，成为园林设计者的宠爱之物，设计师常常有意将棕榈型植物摆在重要位置。一片绿茵茵的草坪，或聚或散种植一两组棕榈科植物，在其挺拔粗壮的树干下栽植修剪成形的灌木，通过高低、形态、色彩、体量的对比和谐，构造出点景主题。这也是近年来园林设计营造疏朗空间常用的手法之一。如福建厦门植物园和深圳仙湖植物园的棕榈景观，极受游人的喜爱。一些立交桥和交通岛绿地，也常用棕榈型植物作为主景。

（二）行列式种植加重气势

棕榈型植物行列种植，能使人因其整齐划一而产生联想，树干如两排队列整齐的仪仗队，而树干顶端蓬松散开的巨大叶片，又不失其活泼性格。如植株高大雄伟的大王椰子、华盛顿棕、皇后葵、加拿利海枣、董棕、贝叶棕、棕榈等列植成的行道树，气势雄伟壮观。

（三）湖水岸边配置

棕榈型植物特色之一是“秀”，不仅有美丽针葵的婀娜，三药槟榔的多姿，就连高大的加拿利海枣、华盛顿葵等，硬朗中也透着秀气。在园林设计上，棕榈型植物常被安排在水边草地上。人们不仅可以欣赏树冠的天际线，还可以看水中美丽的倒影。棕榈型植物不易落叶，游泳池边常以几株点缀，既增添绿意，又是很美的竖向景观。如果配合建筑小品、景石，立面则更丰富多彩。由于树干极富弹性，于强风中不易折断及掉小叶，特别适于用作沿海台风地区海滨的防风林带树种。

（四）与其他景物相互衬托

棕榈型植物的叶片呈现一种自然的曲线，园林中往往利用它的质感及独特的形态来衬托人工硬质材料构成的规划式建筑形体，这种对比更加突出两种材料的质感。建筑物旁选用有一定姿态的品种，如散尾葵、美丽针葵、三药槟榔等中小型种类，安置在入口两侧墙边。一般体型较大、视线开阔的建筑物附近也选用体型较大、挺拔的种类。而小小庭园，在墙前廊边栽植几株散尾葵、美丽针葵、棕竹等，以求“粉墙作纸，植物作画”的效果，也别有一番情趣。厅堂也可用木桶栽植棕榈、鱼尾葵、刺葵、欧洲矮棕等，室内可盆栽棕竹、蒲葵、小琼棕、散尾葵等，增添生趣。建筑物前、建筑的天井院内，可丛植或台植几丛棕榈类植物，以美化和衬托建筑的宏伟和整洁。

（五）阻隔遮挡或分隔空间

园林设计上常用植物遮挡手法令建筑与绿化有机地结合，最简便的方法就是种上几丛鱼尾葵或几株华盛顿葵，使被遮挡的构筑物若隐若现。散尾葵也常被种于屋角、墙角以改变本来生硬的建筑线条，同时也是一景。棕竹较耐阴，种在半阴的位置最为合适。

在公园里，棕榈型植物除了作为园中道路绿化树种外，还可种植形成棕榈科植物区或棕榈岛，或点缀于公园山石、门窗、景亭等景观之中。通常在公园中较开阔的地带，选择适宜生长的棕榈型植物种类，如假槟榔、大王椰子、蒲葵、海枣、董棕、青棕等，单种群植，也可多种混植，栽植成片的具热带、南亚热带绮丽风光的棕榈型植物区。

（六）专类公园

棕榈型植物一直受到世界各地园林及植物学者的重视和喜爱，被广泛引种收集，多建成棕榈型植物专类园。如巴西的里约植物园，美国的热带植物园，印度尼西亚的茂物植物园，英国的邱园，新加坡、澳大利亚及我国南方的几个植物园，都建有世界闻名的棕榈类植物专类园。

二、藤本植物在园林中的应用方式

（一）藤本植物特点及常见类型

藤本植物是指主茎细长而柔软，不能直立，以多种方式攀附于其他物体向上或匍匐地面生长的藤木及蔓生灌木。据不完全统计，我国可栽培利用的藤本植物约有 1 000 种。

藤本植物依攀附方式不同可分为缠绕类、钩刺类、吸附类、卷须类、蔓生类、匍匐类和垂吊类等。

自古以来，藤本植物一直是我国造园中常用的植物材料，应用已经有 2 000 多年的历史，著名的古籍《山海经》和《尔雅》中就记载有栽培紫藤的描述。唐代诗仙李白曾被棚架下的串串紫藤花所折服，留下了“紫藤挂云木，花蔓宜阳春。密叶隐歌鸟，香风流美人”的诗篇。当前城市园林绿化的用地面积越来越少，充分利用藤本植物进行垂直绿化是拓展绿化空间、增加城市绿量、提高整体绿化水平、改善生态环境的重要途径。

要提高城市的绿化覆盖率，增加城市绿量，改善城市的环境质量，不仅需要平面绿化，还要把平面绿化和垂直绿化有机地结合起来。构成垂直绿化主体的藤本植物，在园林绿化中应充分发挥其优势。利用藤本植物发展垂直绿化，可提高绿化质量，改善和保护环境，创造景观、生态、经济三相宜的园林绿化效果。

在垂直绿化中常用的藤本植物，有的用吸盘或卷须攀缘而上，有的垂挂覆地，用其长长的枝和蔓茎、美丽的枝叶和花朵组成了优美的景观。许多藤本植物除观叶外还可以观花，有的藤本植物还散发芳香，有些藤本植物的根、茎、叶、花、果实等还可以提供药材、香料等。藤本植物具有的绿化优势有：

①占地面积少，绿化面积大，不易遭受无意的破坏。只要有约 50 cm^2 的一穴之地，就可以种植和生长。在城市人口众多，建筑密度大，可供绿化空闲土地渐少，利用墙面等大搞垂直绿化，对扩大绿化面积具有重要作用。

②生长快，蔓叶茂密，绿化见效快。如人工栽植的爬山虎、紫藤等，在长江流域一年可长到 3 m ～ 8 m，在北方也可长到 3 m 以上。许多草质藤本一年生长可达 10 m 以上。

③遮阴降温效果好。夏季藤本植物形成的遮阴面积大，降温效果显著。尤其是用于墙面绿化时，不仅可阻挡阳光直晒，而且由于叶面蒸腾可降低温度。

④有利于防火、滞尘和防污，覆盖、遮挡、掩护作用明显。

（二）藤本植物的常见应用方式

1．棚架式绿化

附着于棚架进行造景是园林中应用最广泛的藤本植物造景方法，其装饰性和实用性很强，既可作为园林小品独立成景，又具有遮阴功能，有时还具有分隔空间的作用。在中国古典园林中，棚架可以是木架、竹架和绳架，也可以和亭、廊、水榭、园门、园桥相结合，组成外形优美的园林建筑群，甚至可用于屋顶花园。棚架形式不拘，繁简不限，可根据地形、空间和功能而定，“随形而弯，依势而曲”，但应与周围环境在形体、色彩、风格上相协调。在现代园林中，棚架式绿化多用于庭院、公园、机关、学校、幼儿园、医院等场所，既可观赏，又给人提供了纳凉、休息的理想场所。

棚架、绿亭，可选用生长旺盛、枝叶茂密，可观花观果的藤本植物，如紫藤、木香、藤本月季、七姊妹、油麻藤、炮仗花、金银花、三角梅、葡萄、凌霄、铁线莲、猕猴桃、使君子等。

2．绿廊式绿化

选用攀缘、匍匐垂吊类，如葡萄、美叶油麻藤、紫藤、金银花、铁线莲、三角梅、炮仗花等，可形成绿廊、果廊、绿帘、花门等装饰景观。也可在廊顶设置种植槽，使枝蔓向下垂挂形成绿帘。绿廊具有观赏和遮阴两种功能，还可在廊内形成私密空间，故应选择生长旺盛、分枝力强、枝叶稠密、遮阴效果好且姿态优美、花色艳丽的植物种类。在养护管理上，不要急于将藤蔓引至廊顶，注意避免造成侧方空虚，影响观赏效果。

3．墙面绿化

藤本植物绿化旧墙面，可以遮陋透新，与周围环境形成和谐统一的景观，提高城市的绿化覆盖率，美化环境。附着于墙体进行造景的手法可用于各种墙面、挡土墙、桥梁、楼房等垂直侧面的绿化。城市中，墙面的面积大，形式多样，可以充分利用藤本植物加以绿化和装饰，以打破墙面呆板的线条，柔化建筑物的外观。

植物选择时，在较粗糙的表面，可选择枝叶较粗大的吸附种类，如爬山虎、常春藤、薜荔、凌霄、金银花等，以便于攀爬；而对于表面光滑细密的墙面，则宜选用枝叶细小、吸附能力强的种类，如络石等。对于表层结构光滑、材料强度低且抗水性差的石灰粉刷墙面，可用藤本月季、木香、蔓长春花、云南黄素馨等种类。有时为利于藤本植物的攀附，也可在墙面安装条状或网状支架，并辅以人工缚扎和牵引。

4. 篱垣式绿化

篱垣式绿化主要用于篱笆、栏杆、铁丝网、栅栏、矮墙、花格的绿化，形成绿篱、绿栏、绿网、绿墙、花篱等。这类设施在园林中最基本的用途是防护或分隔，也可单独使用构成景观，不仅具有生态效益，显得自然和谐，并且富于生机，色彩丰富。篱垣高度较矮，因此几乎所有的藤本植物都可使用，但在具体应用时应根据不同的篱垣类型选用不同的材料。如在公园中，可利用富有自然风味的竹竿等材料，编制各式篱架或围栏，配以葛萝、牵牛、金银花、蔷薇、云实等，结合古朴的茅亭，别具一番情趣。

5. 立柱式绿化

城市立柱形式主要有电线杆、灯柱、廊柱、高架公路立柱、立交桥立柱，以及一些大树的树干、枯树的树干等。这些立柱可选择地锦、常春藤、三叶木通、南蛇藤、络石、金银花、凌霄、铁线莲、西番莲等观赏价值较高、适应性强、抗污染的藤本植物进行绿化和装饰，可以收到良好的景观效果。生产上要注意控制长势，适时修剪，避免影响供电、通信等设施的功用。

6. 假山、置石、驳岸、坡地及裸露地面绿化

用藤本植物附着于假山、置石等上的造景手法，“山借树而为衣，树借山而为骨，树不可繁要见山之秀丽”。悬崖峭壁倒挂三五株老藤，柔条垂拂、坚柔相衬，会使人更感到假山的崇高俊美。利用藤本植物点缀假山、置石等，应当考虑植物与山石纹理、色彩的对比和统一。若主要表现山石的优美，可稀疏点缀茑萝、蔓长春花、小叶扶芳藤等枝叶细小的种类，让山石最优美的部分充分显露出来。如果假山之中设计有水景，在两侧配以常春藤、光三角梅等，则可达到相得益彰的效果。若欲表现假山植被茂盛的状况，则可选择枝叶茂密的种类，如五叶地锦、紫藤、凌霄、扶芳藤等。

利用藤本植物的攀缘、匍匐生长习性，如络石、地锦、常春藤等，可以对陡坡绿化形成绿色坡面，既有观赏价值，又能形成良好的固土护坡作用，防

止水土流失。然而在我国园林中，很少选用藤本类用作地被植物，这是一大遗憾。藤本植物也是裸露地面覆盖的好材料，其中不少种类可以用作地被，而且观赏效果更富自然情趣，如地瓜藤、紫藤、常春藤、蔓长春花、红花金银花、金脉金银花、地锦、铁线莲、络石、薜荔、凌霄、小叶扶芳藤等。所以，作者大力提倡，多用这些藤本蔓木类地被，以及其他低矮灌木类地被和多年生草本地被，少用草坪。

7. 门窗、阳台绿化

装饰性要求较高的门窗利用藤本植物绿化后，柔蔓悬垂，绿意浓浓，别具情趣，或人工造型，增加观赏效果。随着城市住宅迅速增加，充分利用阳台空间进行绿化极为必要，它能降温增湿、净化空气、美化环境、丰富生活，既美化了楼房，又把人与自然有机地结合起来。适用的藤本植物有木香、木通、金银花、金樱子、蔓性蔷薇、地锦、络石、常春藤等。

为了弥补单一藤本类植物观赏特性的缺陷，可以利用不同种类间的搭配以延长观赏期，创造四季皆有景可赏的景观。如爬山虎与络石、常春藤或小叶扶芳藤合栽，可以弥补单一使用爬山虎的冬季萧条的景象，同时络石、常春藤或小叶扶芳藤在爬山虎叶下，其喜阴的习性也得以满足。这种配置也可用于墙面、石壁、立柱等的绿化。紫藤与凌霄混栽，可用于棚架造景。春季紫藤花穗悬垂，清香四溢；夏秋凌霄朵朵红花点缀于绿叶中，十分引人注目。蔓生蔷薇与不同花色品种的藤本月季搭配，最适于栅栏、矮墙等篱垣式造景，不同花色品种间花色相互衬托，深浅相间，或分段种植，能够形成几种色彩相互镶嵌的优美图案。凌霄与爬山虎可用于墙面、棚架、凉廊、矮墙绿化，如拙政园的四季漏窗。凌霄与络石或小叶扶芳藤搭配可用于枯树、灯柱、树干或阳面墙的绿化。一些藤本植物经整形修剪后，可形成灌木状形态，在欧洲及日本均有此做法，我国也在应用。这样能使观赏价值大大提高，可以作为地栽或盆栽、盆景材料，如硬骨凌霄、迎春花、连翘、羊蹄甲、藤本月季、金银花、云南黄素馨、胡颓子、三角梅、木香、葡萄等。

第四章　风景园林植物造景设计

第一节　园林植物造景设计的基本程序

一、设计准备阶段

设计准备阶段是规划前必须考虑的要素。设计者应尽可能地掌握项目的相关信息，并根据具体的要求对项目进行分析。一般在接到工程项目之后，设计者首先应和委托方（甲方）进行了解和沟通，弄清委托方（甲方）的主要意图，并阐明设计者的基本思路，估算设计费用并讨论合约签订等事宜。这阶段包括收集与所选环境植物景观规划相关的资料，所收集资料的深度和广度将直接影响随后的分析与决定。因此必须注意收集那些与所规划场地有密切联系的相关资料。

（一）确定规划目标

通过与委托方（甲方）交流，设计者要充分了解委托方（甲方）对于植物景观的具体要求，有哪些愿望，对设计所要求的造价和时间期限等内容。这些内容往往是整个设计的根本依据，从中可以确定哪些值得深入细致的调查和分析，哪些只需做一般的了解。在任务书阶段很少用到图片，常以文字说明为主。

（二）获取图纸资料

委托方（甲方）应向设计者提供基地的测绘图、规划图、现状树木分布位置图及地下管线等图纸，设计者根据这些图纸确定以后景观植物可能的种植空间及种植方式，根据具体的情况和要求进行植物景观的规划设计。

（三）获取基地其他信息

基地其他信息主要包括以下几个方面。

自然状况：地形、地质、水文、气象等方面的资料。

植物状况：项目基地的乡土植物种类、群落组成及引种植物情况等。

人文历史资料调查：当地风俗习惯、历史传说故事、居民人口及民族构成等。

总之，设计者在接到项目后要多方收集资料，详细地了解项目的相关内容，以求全面地掌握可能影响植物的各个因子，从而指导设计者选择合适的植物进行植物景观的创造。

二、研究分析阶段

（一）基地调查与测绘

1．现场踏查

基地现状调查包括收集与基地有关的技术资料和进行实地察看、测量两部分工作。有些技术资料可从有关部门查询，如基地所在地的气象资料、基地地形资料、城市规划资料等。对于查询不到又必需的资料，可通过实地调查、勘测得到，如基地及环境的视觉质量、基地小气候条件等。在这个阶段，有大量的资料和情况需要研究。下列是在对基地现状进行调查时应该考虑的因素。

（1）基地位置和周围环境的关系。

①基地周围的用地状况和特点。相邻土地的使用情况和类型，相邻的道路和街道名称，其交通量如何？何时高峰？街道会产生多少噪声和眩光。

②相邻环境识别特征。相邻环境中的建筑物的年代、样式及高度，植物的生长情况，相邻环境的特点与感觉，相邻环境的构造和质地。

③标出地区、居住区主要机关的位置。主要机关包括学校、警察局、消防站、商业中心和商业网点、公园和其他娱乐中心等。

④标出相邻交通的状态。交通状态是指道路的类型、体系和使用量、交通量是否每月或随季节改变到基地的主要交通方式。

⑤相邻区的区分和建筑规范。规范内容主要包括允许的建筑形式、建筑高度和宽度的限制，建筑红线的要求，道路宽度的要求。

（2）地形。标出整个基地中的不同坡度（坡度分析）；标出主要地形形态及每种的特色，凸地形、凹地形、山脊、山谷；标出冲刷区（坡度太陡）和表面易积水区（坡度太缓）；标出现有建筑物室内室外的标高。

（3）水体。标出每一汇水区域与分水线；检查现有建筑各排水点，标出建筑排水口的流水方向；标出主要水体的表面高程，并检查水质；标出河流、湖泊的季节变化，洪水和最高水位，检查冲刷区域；标出静止水的区域和潮湿区域，基地的排水。

（4）植物。标出现有植物位置；对大面积的基地应标出：不同植物类型的分布带；树林的密度；树林的高度和树龄；对较小基地应标出：植物种类；大小（高度、宽度和乔木的树冠高）；外形、色彩（树叶和花）和季相变化；质地；独特的外形或特色；标出现有植物对发展的限制因素。

（5）小气候。标出全年季节变化，日出及日落的太阳方位；标出全年不同季节、不同时间的太阳高度；标出夏季和冬季阳光照射最多的方位区；标出夏季和冬季遮阴最多区域；标出全年季风方位；标出最大和最小降雨量。

2．现场测绘

如果委托方（甲方）无法提供准确的基地测图，或现有资料不完整，或与现状有出入的，则应到现场重新勘测或补测，并根据实测结果绘制基地现状图。基地现状图中应包含基地中现存的所有元素，如植物、建筑、构筑物、道路、铺装等。

通过实地勘测或查询当地资料，做出实地的平面图、地形图或剖面图等。基本图纸需用简明易读的绘图技巧绘制，不宜太复杂、细致，应保持图面的完整性及各部分图的图面连续性。

（二）基地现状分析

记录基地的现状资料是比较容易的，对基地资料的分析实则较为困难。调查是手段，分析才是目的。现状分析是设计的基础与依据，特别是对于与基地环境因素密切相关的植物，基地的现状分析关系到植物的选择、植物的生长、植物景观的创造、功能的发挥等一系列问题。一个好的设计分析从某种程度上决定了以后设计的成功与否。基地分析包括在地形资料的基础上进行坡度分析、排水类型分析，在土壤资料的基础上进行土壤承载力分析，在气象资料的基础上进行日照分析、小气候分析等。

1．现状分析的内容

现状分析包括对项目地的自然环境（地形、土壤、光照、植被等）分析、环境条件分析、景观定位分析、服务对象分析、经济技术指标分析等。由此可见，现状分析的内容比较复杂，要想获得准确的分析结果，一般要多专业配合，按专业分项进行，如地形调查分析，水体调查分析，土壤调查分析，植被调查分析，气象资料调查分析，基地范围、交通及人工设施调查分析，视线及有关的视觉调查分析等。一个优秀的设计师能够启发顾客的思路，从而使他们能提供尽可能多的相关信息。在可能情况下，人群需求的综合分析应该包括他们现在和将来的所有计划。

分析要以自然、人文条件之间的相互关系为基准，加上业主意见，综合研究后，决定设计的形式以及设计原则和造型的组合等。

2．现状分析的方法

（1）系统分析法。在场地分析中，所有园址和建筑物都要进行测量，并连同园址特征的优缺点一起记录到纸上，测量必须非常精确。在场地分析过程中，所有可能影响场地的地役权，建筑缓冲带以及其他有关法律、法规所包含的因素都应该清楚。

（2）实验分析。实验分析主要是对土壤样品进行分析。要对区域内的土壤进行质地的测定，如土壤类型是黏土还是砂壤土，是贫瘠还是肥沃，pH 值呈酸性还是碱性，以及表土层的结构、含水量等。

（3）图像分析。在绿化设计中，常常需要各种图像信息资料，如地形地质图，实地景物照片和录像，甚至遥感航测图、卫星照片等。根据这些资料也可获取现状景物等，也能获取比现场踏勘更完整、更准确的信息，同时还可从整体上分析把握设计方案的脉搏。

（4）简图分析。用简明易读的绘图技巧绘制场地功能分析示意图、设计条件分析图，是设计师常用手法，可以对基地有更深入的认识和理解。当基地面积较小或性质较单一时可将它们合并画在同一张图上。较大规模的基地是分项调查的，因此基地分析也应分项进行，最后再综合。首先将调查结果分别绘制在基地底图上，一张底图上只做一个单项内容（如地形、水体、土壤、植被等），然后将诸项内容叠加到一张基地综合分析图上，标明关键内容。

三、设计构思阶段

（一）设计思路

面对种类繁多的植物种类，怎样选择、组合、布置，达到从每个可能的观赏角度均有良好效果，实现植物景观功能，需要在设计构思阶段提出初步的设计理念。设计师构思多半是由项目的现状所激发产生的。在现场应注意光照、已有景致对设计者的影响，以及其他感官上的影响。明确植物规划材料在空间组织、造景、改善基地条件等方面应起的作用，做出种植方案构思图。构思的过程就是一个创造的过程，每一步都是在完成上一步的基础上进行的。应随时用图形和文字形式来记录设计思想，并使之具体化。

一般的植物造景设计思路遵循从具体到抽象，采用提炼、简化、精选、比较等方法进行；从整体到局部，在总体控制下，由大到小、由粗到细，逐步深入；从平面到立面，主要功能定位、景观类型、种植方式、种植位置、植物种类与规格的确定。

确定种植设计的主题或风格即立意的过程，应遵循意境主题景观和植物空间景观的塑造原则。主题可以考虑活泼愉快，或庄严肃穆，或宁静伤感。种植的形式和风格，可以考虑为自然式、规则式或自由式；或者确定主题园，例如草本植物园、药用植物园、芳香园等。

（二）功能分析，明确造景设计目标

1．功能分析

设计工作的语言主要是通过图纸来表达，设计师的分析也是通过图纸来完成的。植物造景要体现功能与形式的统一。

合理功能分析是设计构思阶段的核心任务。将前阶段现状调研分析的结论

和建议均反映在图中，并研究设计的各种可能性。目的是在设计所要求的主要功能和空间之间求得最合理、最理想的关系。

合理功能分析是以抽象图解方式合理组合各种功能和空间，确定相互间的关系，它就是设计师通常所说的“气泡图”或“方框图”。在这一步骤中，只有简单的图形、符号和文字，而没有实际意义的方案，是一种概念性初步设计。

合理功能分析可以绘制多幅草图，进行比较，不受实际地形限制，一般应表示出主要功能和其他功能的关系；空间分析；人、车流线分析，客源来向，主要交通流线；绿化主体树种的选定与分布。

在合理功能分析的基础上，结合实际地形和功能需求，进一步地做出适合基地的功能和布局分析。

2．造景设计目标确定

在基地分析的基础上，了解种植在整体景观设计中的功能作用，从而得出设计要解决的问题，即造景设计目标。

考虑配合场地景观的机能需求，发挥种植的功能。例如，利用植物的隔离作用，减轻风、噪声及不良视景的影响。

改变场地的微气候。选用适合场地生态条件，且具有美化、绿化及实用价值的植物。

塑造场地景观独特的种植意象。利用植物不同的树形、色彩、质地等观赏特性，配合场地景观做适当的配置，以建立场地的特殊风格。

提高场地及其周围地区环境的视觉品质。利用植物细密的质感与柔和的线条，缓和建筑物及硬质铺面所造成的心理上的压迫感。同时考虑种植设计是否需要满足特定的美学要求，例如，需要开朗热烈、宁静私密，还是要肃穆端庄。考虑季节性的变化，以创造四季花木扶疏的美的景观意象。人的主要观赏路线、角度和方向也需要在此时确定。

利用种植设计塑造场地的空间意象。配合景观设施的设置，利用植物配置组成不同形式的空间，以提供多样性的视觉景观。

（三）植物景观构图设计

所谓构图即组合、布局的意思。园林植物造景构图，不但要考虑平面，更要考虑空间、时间等因素，要遵循构图规律。在保持各自的园林特色的同时，更要兼顾到每个植物材料的形态、色彩、风韵、芳香等特色，考虑到内容与形式的统一，使观赏者在寓情于景、触景生情的同时，达到情景交融的园林审美效果。

植物景观图设计，应在植物景观功能分区的基础上，考虑各功能区内植物景观的组成类型、种植形式、大小、高度及形态。

1. 植物组合与布局

根据植物种植分区规划图选择景观类型，应用树木、花卉、草坪、藤木与地被植物进行合理组合，构成层次丰富、类型多样的景观空间。

2. 立面设计

通过立面图分析植物高度组合是否能够形成优美、流畅的林冠线和层次变化，还可以判断这种组合是否能够满足功能需要。

用大小长短不一的方框代替单体植物成熟时的大致尺寸。画出哪里用树，哪里用高、低灌木，将这些方框组合成一个和谐的立面。人的观赏角度和距离决定人眼所能组合在一起、看作一个整体的单个物体的数目是6个，人所处的距离也会使人能观赏到的横向距离发生变化，所以，一个立面里所包括的植物方框不超过6个，当然，大型的种植设计立面可以由若干个小立面组成。通常小型的种植设计是一个到两个组合合并，大型的种植设计则一般需要三个到五六个组合合并。

组合与组合之间可以是在立面上拉开的关系，也可以在立面上互相遮挡，在平面上呈前后关系。低矮的灌木组合放在前面，高些的灌木或树木组合放在后面。植物方框或立面组合之间可能会互相遮挡，这些可以理解为植物在平面深度上的变化。

一般的种植设计组合，两到三层的植物深度就可满足要求，通常需做几个立面进行研究，最重要的是确定种植的总外轮廓线。精心设计的外轮廓线能保证整个设计与基地的比例正确，搭配完整，总体和谐。

3. 形状、色彩、质地的搭配

完成立面空间的设计后，可以考虑进行形状、色彩、质地的比较和搭配，它们是获得变化的重要手段。

（1）形状。用真正的植物轮廓（如金字塔形、花瓶形、铺展形等）代替原来抽象的方框。高的方框可以用乔木或针叶木的形状代替，低的方框则用高矮比例不一的灌木或草本植物形状代替。植物具有多种多样的形状，以乔木而言，反映在起始立面上可能是一个简单的瘦长方形，但是落实到具体的植物形状上，就有圆形、椭圆形、花瓶形、竖直形、圆柱形、金字塔形等变化。加上灌木和草本的各种形状，以及常青植物和落叶植物之间的互换，形状的研究可以产生很多种变化。形状立面完成时，要满足重复、变异、强调等设计原则。

（2）色彩。园林景观色彩设计不管追求的是怎样的风格，从开始到结束都要贯彻对比和调和的设计原则，要满足人眼视觉平衡的要求。色彩对人具有较大的影响力，色彩与园林意境的创造、空间构图以及空间艺术表现力等有着密切的关系。现代城市园林中以色彩为主体的景点也很多。

（四）选择植物，详细设计

该环节属于园林植物种植设计的细部设计阶段，是利用植物材料使种植方案的构思具体化，包括详细的种植造景平面、植物的种类和数量、种植间距等。由于生长习性的差异，植物对光线、温度、水分和土壤等环境因子的要求不同，抵抗劣境的能力不同，因此在详细设计中应针对基地特定的土壤、小气候条件和植物选择进程进一步确定其形状、色彩、质感、季相变化、生长速度、生长习性、造景效果相匹配的植物种类。

1．植物种类的选择

通过前阶段的分析，对植物的大小、形状、质地、色彩都已经有了大致的概念，可以以此作为条件之一选择植物。此外，还要考虑以下因素。

（1）基地条件。对不同的立地光照条件应分别选择喜阴、半耐阴、喜阳等植物种类；多风的地区应选择深根性、生长快速的植物种类；在地形有利的地方或四周有遮挡并且小气候温和的地方可以种一些稍不耐寒的种类，否则应选用在地区最寒冷的气温条件下也能正常生长的植物种类；受空气污染的基地还应注意根据不同类型的污染，选用相应的抗污染种类；对不同 pH 酸碱度的土壤应选用相应的植物种类；低凹的湿地、水岩旁应选种些耐水湿的植物。

（2）基地功能。遮阳，宜选树冠开展、枝叶茂密、分枝点高的树种。防风，一般植物多少皆具防风效果，但在特殊恶劣环境下，宜选特殊的防风树种。控制风蚀，在用量多且雨蚀强的地方宜选枝叶密、根系发达的常绿树种及具水土保持作用的蔓藤花卉或旱本花卉。隔离，为达到营造私密空间、屏障不良视线或控制视线的目的，宜按设计所需隔离的高度及密度，选用具有刺、枝干多或枝条较硬等特性的植物。防强光，于砂地、人工铺面及近水面易反光之处，宜选质感重的浓绿遮阳树种。防控污染，在空气污染严重的地区，宜视污染的性质，选择适当的抗污染植物。

2．植物配置设计重点

（1）植物种类处理。保存现有植被，选择的每一种植物都应符合预期功能，树木是基础。

（2）实用功能应用。种植设计中用灌木丛作为补充的低层保护和屏障；把藤蔓植物作为网状物和帘幕；在底层地面上种植地被植物，以保持水土，界定道路和绿地，以及在需要的地带布置草坪；在地面物体或建筑易造成影响的地方封闭式布置树丛或缩短树距；隐藏停车场、仓库及其他服务设施；弥补地形形态；利用植物构成空间。

（3）艺术处理。用冠荫树统一场地；选择作为主题基调树种的类型应当是中等速生的，而且无须太多管理就能长势良好的本土树种；利用辅调树种为补充基调种植，以及在较小尺度内构筑场地空间；恰当地利用补充树种来划分或区分出具有独一无二的景观特质的区域；用基调树木强化大片种植中的“突出点”：布置树丛提供景致以及扩大开放空间；利用逐渐形成的空间序列来围绕和连接不同的场地功能区；避免杂乱多样的基础种植；避免多种植物类型的分散。

（4）道路布置。利用树木来覆盖交通线路；对交通道路的节点给予重视；在道路的交叉口要保持视线的通畅；对任何街坊区和活动中心，都应创造一个富有吸引力的道路入口；扩展路边种植；用树木强化小径或大道的走向效果；给小路及自行车道增添阴凉和情趣。

（5）生态环境设计。在所有景观种植中都要考虑气候控制；设置植物屏障来遮挡不雅景致，消除强光，降低噪声；沿洼地和水道布置植被；外来物种应被限制在经过良好改善的区域中。

四、设计表达阶段

设计表达的基本语言是图纸，完整的园林景观细部设计图纸应包括地形图、分区图、平面配装图、断面图、立面图、施工图、剖面图、鸟瞰图等。细部设计包括种植设计、园林景观设施设计等。

种植设计完成后要表现在图纸中。种植设计图是种植施工的依据，包括种植设计表现图、种植平面图、详图以及必要的施工图解和说明。由于季相变化、植物的生长等因素很难在设计平面中表示出来，因此，为了相对准确地表达设计意图，还应对这些变动内容进行文字说明。

（一）植物种植设计图纸的类型

1．种植设计表现图

种植设计表现图不讲尺寸、位置的精确，而重在艺术地表现设计意图，以求达到造景的效果与美感。如平面效果图、立面效果图、透视效果图、鸟瞰图等。绘制种植设计表现图也不可一味追求图面效果，不可同施工图出入太大。

2．种植平面图

种植平面图应包括植物的平面位置或范围、详细尺寸、种植的数量和种类、艺术的规格、详细的种植方法、种植坛和台的详图、管理和栽后养护期限等图纸与文字内容。种植平面图应标明每种植物的具体位置和种植区域。

在种植平面图中应标明每种树木的位置，树木的位置可用树木平面图圆心或过圆心的短“十”字线表示。在图面上的空白处用引线和箭头符号标明树木的种类，也可只用数字或代号简略标注。同种树木群植或丛植时可用细线将其中心连接起来统一标注。随图还应附所用植物名录，名录中应包括与图中一致的编号或代号、普通名称、拉丁学名、数量、规格以及备注。

很多低矮的植物常常成丛栽植，因此，在种植平面图中应明确标出种植坛或花坛中的灌木、多年生草花或一年生草花的位置和形状，花坛内不同种类宜用不同的线条轮廓加以区分。在组成复杂的种植坛内还应明确划分每种类群的轮廓、形状，标注上数量、代号，覆上大小合适的格网。灌木的名录内容和树木类似，但需加上种植间距与单位面积内的株数。草花的种植名录应包括编号、俗名、学名（包括品种、变种）、数量、高度、栽植密度，有时还需要加上花色和花期等。

种植图的比例应根据其复杂程度而定，较简单的可选小比例，较复杂的可选大比例，面积过大的种植宜分区做种植平面图，详图不标比例时应以标注的尺寸为准。在较复杂的种植平面图中，最好根据参照点或参照线做网格，网格的大小应以能相对准确地表示种植的内容为准。

种植设计图常用比例：①林地 1∶500；②树木种植平面 1∶100 ～ 1∶200；③灌木、地被植物 1∶50 ～ 1∶100；④复杂的种植平面及详图 1∶50。

植物种植设计平面图中包括了庞大的信息量，所以平面图纸组成部分的安排应当引起足够的重视。应当指出的是这个清单的内容应当根据工程规模的大小以及绘制图纸比例的不同而有所变化和调整，①比例尺，包括文字和图案两种形式；②指北针；③原有植物材料；④需要调整和移植的植物；⑤灌木、藤蔓植物和地被植物（包括现有的和规划的）；⑥适用的地形图；⑦必要的详图（通常需要单独的图纸）；⑧植物名录表。

3．种植详图

种植平面图中的某些细部的尺寸、材料和做法需要用详图表示，如不同胸径的树木需带不同大小的土球，根据土球大小决定种植穴尺寸、回填土的厚度、支撑固定桩的做法和树木的整形修剪及造型方法等。用贫瘠土壤做回填土时需适当加些肥料，当基地上保留树木的周围需挖土方时应考虑设置挡土墙。在铺装地上或树坛中种植树木时需要做详细的平面或剖面以表示树池或树坛的尺寸、材料、构造和排水。

（二）植物绘图表现方法

植物的种类很多，各种类型产生的效果各不相同，表现时应加以区别，分别表现出其特征。

1．树木的表示方法

（1）树木的平面表示方法。树木的平面表示可先以树干位置为圆心，树冠平均半径为半径做出圆，再加以表现，其表现手法非常多，表现风格变化很大。

（2）树木的立面表示方法。树木的立面表示方法可分成轮廓、分枝和质感等几种类型，但有时并不十分严格。树木的立面表现形式有写实的，也有图案化的或稍加变形的，其风格应与树木平面和整个图面相一致。

（3）树木平面、立面的统一。树木在平面图、立（剖）面图中的表示方法应相同，表现手法和风格应一致。保证树木的平面冠径与立面冠幅相等、平面与立面相对应、树干的位置处于树冠圈的圆心。这样做出的平面图、立面图和剖面图才和谐。

2．灌木和地被植物的表示方法

灌木没有明显的主干，平面形状有曲有直。自然式栽植灌木丛的平面形状多不规则，而修剪的灌木和绿篱的平面形状规则的或不规则的皆有，但整体上是平滑整齐的。灌木的平面表示方法与树木类似，通常修剪规整的灌木可用轮廓、分枝或枝叶型表示，不规则形状的灌木平面宜用轮廓型和质感型表示，表示时以栽植范围为准。由于灌木通常丛生，没有明显的主干，因此灌木平面很少会与树木平面相混淆。

地被植物宜采用轮廓勾勒和质感表现形式。作图时应以地被植物栽植的范围线为依据，用不规则的细线勾勒出地被植物的范围轮廓。

五、植物景观施工阶段

通过植物景观施工过程，把设计图纸转化为现实环境，最终获得景观的彻底表达。

（一）施工现场准备

施工前，应调查施工现场的地形与地质情况，向有关部门了解地上物的处理要求及地下管线分布情况，以免施工时发生事故。

1．清理障碍物

施工前将现场内妨碍施工的障碍物，如垃圾堆、建筑废墟、违章建筑、砖瓦石块等清除干净。对现场原有的树木尽量保留，对非清除不可的也要慎重考虑。

2．场地整理

在施工现场根据设计图纸要求，划分出绿化区与其他用地的界线，整理出预定的地形，主要使其与四周道路、广场的标高合理衔接。根据周围水系的环境，合理规划地形，或平坦或起伏，使绿地排水通畅。如有土方工程，应先挖后填。如果有机械平整土地，则事先应了解是否有地下管线，以免机械施工时造成管线的损坏。对需要植树造林的地方要注意土层的夯实程度与土壤结构层次的处理，如有必要，适当加客土以利植物生长。低洼处应合理安排排水系统，现场整理后应将地面加以平整。

3．水源、水系设置

绿化离不开水，尤其是初期养护阶段。水源源头位置要确定，给水管道安装位置、给水构筑物、喷灌设备位置、排水系统位置、排水构筑物有关位置、电源系统都要明确定位，安置适当。

（二）定点放线

定点放线即是在现场测出苗木栽植位置和株行距。由于种植方式各不相同，定点放线的方法也有很多种，常用的有以下三种。

1. 规整式树木的定点放线

规则整齐、行列明确的树木种植要求位置准确，尤其是行位必须准确无误。对于呈规整式种植的树木，可用仪器和皮尺定点放线，定点方法是将绿地的边界、园路广场和小建筑物等的平面位置作为依据，量出每株树木的位置，钉上木桩，木桩上写明树种名称。一般的行道树行位按设计的横断面所规定的位置放线，有固定路牙的道路以路牙内侧为基准，无路牙的则以路中心线为基准。用钢尺或皮尺测准行位，中间可用测杆标定。定好行位，用皮尺或测绳定出株位，株位中心用白灰做标记。定点时如遇电线杆、管道、涵洞、变压器等障碍物应躲开。

2. 自然式丛林的定点放线

自然式丛林的定点放线比较复杂，关键是寻找定位点。最好是用精确手段测出绿地周围的范围，道路、建筑设施等的具体方位，再定种植点的位置。

丛林式种植设计图有两种类型：①在图纸上详细标明每个种植点的具体方位；②在图纸上仅标明种植位置范围，而种植点则由种植者自行处理。

丛林式种植定点放线主要有以下几种方法：

（1）坐标定点法。根据植物造景的疏密度，先按一定的比例在设计图及现场分别打好方格，在图上用尺量出树木的某方格的纵横坐标尺寸，再用皮尺量出在现场相应的位置。

（2）仪器测放法。用经纬仪或小平板仪依据地上原有基点或建筑物、道路将树群或孤植树依照设计图上的位置依次定出每株的位置。

（3）交会法。此办法较适用于小面积绿化。找出设计图上与施工现场完全符合的建筑基点，然后量准植树点位与该两基点的相互距离，分别于各点用皮尺在地面上画弧标出种植点位，并撒白灰做标志即可。

（三）苗木选择

苗木的选择，除了根据设计者给出对规格和树形的要求外，要注意选择长势健旺、无病虫害、无机械损伤、树形端正、须根发达的苗木；而且应该是在育苗期内经过翻栽，根系集中的苗木。苗木选定后，要挂牌或在根基部位画出明显标记，以免挖错。起苗时间和栽植时间最好能紧密配合，做到随起随栽。

（四）挖种植穴

挖种植穴与植物的生长有着密切的关系。挖种植穴时以定点标志为圆心，先在地面上用白灰做圆形或方形轮廓，然后沿此线垂直挖到规定深度。切记要上下口垂直一致，挖出的坑土要上下层分开，回填时，原上层表土因富含有机质而应先回填到底部，原底层土可加填到表层。种植穴的大小依土球规格及根系情况而定，带土球的应比不带土球的大 16 cm ～ 20 cm。

栽裸根苗的穴应保证根系充分伸展，穴的深度一般比土球高度稍深些，穴一般为圆形。栽植绿篱时应挖沟，而非单坑。花卉的栽培比较简单，可播种、移植，或直接把花盆埋于土中，但对于细节要求却很严格，如种子的覆土厚度、土壤的颗粒大小、施肥、灌水等。

（五）栽植

不同的植物规格不同，栽植要求也不同。栽植前，苗木必须经过修剪，其主要目的是减少水分的散发，保证树势平衡以确保树木成活。修剪时的量依不同树种要求而有所不同，一般对常绿针叶树及用于植篱的灌木不多剪，仅剪去枯病枝、受伤枝即可。对于较大的落叶乔木，尤其是长势较强的树木，如杨、柳可进行强行修剪，树冠可剪去 1/2 以上。栽植时首先必须保证植物的根系舒展，使其充分与土壤接触，为防止树木被风吹倒可立支架进行绑缚固定。

（六）灌水

根据所植不同植物的生长习性进行合理的灌水。树木类一般在栽植时要进行充分灌水，至少要连灌三次以上方能保证成活。草木花卉视情况而定，有的是先灌水后栽（或播种），有的是先栽后灌水，一般一周后及时覆土封坑。

（七）植物造景的养护

园林植物所处的各种环境条件比较复杂，各种植物的生物学特性和生态习性各有不同，因此，为各种园林植物创造优越的生长环境，满足植物生长发育对水、肥、气、热的需求，防治各种自然灾害和病虫害对植物的危害，确保植物生长发育良好，同时可以达到花繁叶茂的绿化效果。通过整形修剪和树体保护等措施调节树木生长和发育的关系，并维持良好的树形，使其更适应所处的环境条件，尽快而且持久地发挥植物景观的各种功能效益，这些将是园林工作中重要而长期的任务，也是植物景观设计意图能够充分体现的保证。

所以，控制性修剪对植物景观的形成和保持，也是一项十分重要的技术工作，必须有专人负责。对名花、名木、古树的养护更要细致周到，这些是园林中的无价之宝，切不可掉以轻心。

第二节　自然式植物配置及造景设计

一、孤植

（一）定义

在一个较为开旷的空间，远离其他景物种植一株乔木称为孤植。孤植是乔木的独立栽植类型，孤植树又称为独赏树、标本树、赏形树或独植树，在设计中多处于绿地平面的构图中心和园林空间的视觉中心而成为背景，也可起引导视线的作用，并可烘托建筑、假山或活泼水景，具有强烈的标志性、导向性和装饰作用。

对孤植树的设计要特别注意的是“孤树不孤”。不论在何处，孤植树都不是孤立存在的，它总和周围的各种景物，如建筑、草坪、其他树木等配合，以形成一个统一的整体，因而要求其体量、姿态、色彩、方向等方面与环境其他景物既有对比，又有联系，共同统一于整体构图之中。

1．园林功能与布局形式

多作为园林绿地的主景树、遮阴树、中心树等，主要表现单株树的形体美，或兼有色彩美，可以独立成为景物供观赏用。孤植树在园林风景构图中，也可做配景应用，如做山石、建筑的配景，此类孤植树的姿态、色彩要与所陪衬的主景既形成鲜明的对比又统一协调。一般采取单独栽植的方式，也偶有2～3株合栽成一个整体树冠的，它和周围各种景物配合，形成统一整体。

2．孤植树种选择要点

作为孤植树，至少应具备下列条件之一。

第一，树形高大，树冠开展，枝叶繁茂，如国槐、悬铃木、银杏、油松、小叶榕、黄葛树、橡皮树、雪松、白皮松、合欢、垂柳等。

第二，姿态优美，寿命长，如雪松、罗汉松、金钱松、南洋杉、苏铁、蒲葵、海枣等。

第三，开花繁茂，花色艳丽，芳香馥郁，果实累累，如玉兰、梅花、樱花、桂花、广玉兰、木瓜等。

第四，彩叶树木，如乌桕、枫香、紫叶李、火炬树、槭树、银杏、白蜡等更能增添秋天景色的美感。

3．孤植树布置场所

孤植树往往是园林构图的主景，规划时位置要突出。孤植树定植的地点以大草坪上最佳，或植于广场的中心、道路交叉口或坡路转角处。在树的周围应有开阔的空间，最佳的位置是以草坪为基底，以天空为背景的地段。

①开阔的大草坪或林中空地构图的重心上。四周要空旷，适宜的观赏视距大于等于四倍的树木高度。在开阔的空间布置孤植树，亦可将两或三株树紧密种植在一起，如同具有丛生树干的一株树，以增强其雄伟感，满足风景构图的需要。

②开阔水边或可眺望远景的山顶、山坡。孤植树以水和天为背景，形象清晰突出，如水畔大榕树、黄山迎客松等。

③桥头、自然园路或河溪转弯处。可作为自然式园林的引导树，引导游人进入另一景区。特别在深暗的密林背景下，配以色彩鲜艳的花木或红叶树格外醒目。

④建筑院落或广场中心。

⑤整形花坛、树坛的中心。

为尽快达到孤植树的景观效果，最好选胸径 8 cm 以上的大树，能利用原有古树名木更好。景有小树可用时，则选择速生快长树，同时设计出两套孤植树，如天竺桂为孤植树时，同时安排白皮松、小叶榕等为远期孤植树介入适合位置。

孤植树作为园林构图的一部分，必须与周围环境和景物相协调。孤植树要求统一于整个园林构图之中，要与周围景物互为配景。如果在开敞宽广的草坪、高地、山冈或水边栽种孤植树，所选树木必须特别巨大，这样才能与广阔的天空、水面、草坪有差异，才能使孤植树在姿态、体形、色彩上更突出。在小型林中草坪，较小水面的水滨以及小的院落之中种植孤植树，其体形必须小巧玲珑，可以应用体形与线条优美、色彩艳丽的树种。

（二）构景原理与草坪孤赏树法

1．构景原理

第一，利用个体生长优势（包括株高、树姿、花多、冠阔、色叶、体大、繁茂等），构成观赏主体。如古树名木、主景树、市树、广场主景树、草坪主景树、公园主景树、溪口主景树等。

第二，利用树冠充分开展、浓荫自然覆盖等长势特征，构成林荫点。如村口林荫树、路口林荫树、庭园林荫树、街景林荫树、公园林荫树、溪口林荫树等。人们常乐于在林荫树下坐憩、休闲和玩趣。

第三，利用树种、树姿、体量、色叶等拟态风水树。

2．草坪孤赏树法

在观赏及游憩性草坪设计中，孤赏树所处位置、观赏面景观构成、最佳视角设计等三个问题，均对草坪造型及景观构成起着重要作用。

（1）孤赏树位置。当最佳观景点位置确定后，由孤赏树所构成的主景画面重心将随之自然偏移，偏移的角度一般以控制在 60° 视锥角左右为宜。

（2）孤赏树景深设计。在有限的草坪空间里，可以通过勾勒背景树林缘线形态设计草坪景深。孤赏树在草坪中其实并不孤立，它会受背景林缘线的影响而向四周呈自然扩展状。当林缘线呈自然形态时，孤赏树景深感明显增强。当林缘线呈规则直线时，孤赏树景深即刻受到一定限制。

在 60° 视锥角观赏范围内，可以通过色叶小乔木、花灌木以及地被植物的丛状配置等，进一步调控孤赏树景深。

草坪孤赏树景深层次的艺术构图，还可以通过园林小品、草坪灯、景石、雕塑等景物的有机衬托加强。

（3）孤赏树背景林设计。纯林相法：于孤赏树端景处配置自然式纯林，可以获得草坪轻纱环碧、弱柳窥青的效果。常见纯林树种有垂柳林、桃花林、樱花林、梅花林、蜡梅林、松树林、柏树林、海棠林、竹林等。

郁闭度控制法：孤赏树端景透视线的形成，往往与背景林郁闭度有关。当郁闭度小于 60% 为疏林时，则景深随透视线延伸而有效延长。此林中可以通过配置一些自然灌木丛而获得孤赏树景深观赏特色，如紫玉兰疏林草坪特色背景林、象牙红疏林草坪特色背景林等；当郁闭度大于 60% 为密林时，则景深限制了透视线自然穿透，使得孤赏树观赏面收缩。郁闭度越大，这种收缩感就越强。常见密林结构设计有；单种（乔木或灌木）结构密林、乔木 + 灌木结构密林、乔木 + 灌木 + 地被 + 草花结构密林等。

色叶林法：于孤赏树端景处配置色叶林，可以获得草坪纳千顷之汪洋，收四时之烂漫的效果。常见色叶背景林设计手法有单种色叶林（如银杏林、红叶李林、红枫林、红叶桃林、枫香林等）、多品种色叶林（如银杏 + 红枫 + 法国梧桐、枫香 + 红叶李 + 红枫 + 红叶石楠等）。

植配注意事项：孤赏树观赏草坪面积宜大不宜小，一般以不小于 500 m^2 为宜。当面积较小时，因观赏视距不足而直接影响孤赏树景观效果。最佳观景点应设置在游园主动流向的驻足点上，如入口、岔路口等。

二、丛植

由两三株至十几株同种或异种的树木按照一定的构图方式组合在一起，使其林冠线彼此密接而形成一个整体的外轮廓线，这种配置方式称为丛植。

（一）丛植的功能与布置

树丛在园林中可作为主景、配景、障景、诱导等使用，还兼有分隔空间与遮阳作用。树丛在艺术构图上体现的是植物的群体美，但由于株数少，仍需注意植物的个体美。

在自然式园林中，丛植是最常用的配置方法之一，可用于桥、亭、台、榭的点缀和陪衬，也可布置在大草坪中央、土丘等地作为主景，以及布置在园林出入口、路叉和弯曲道路的部分，诱导游人按设计路线欣赏园林景色，或建筑两侧自然对植，或用于廊架角隅起缓和与伪装的作用。

（二）树丛造景形式设计

1．两株式树丛

树木配植构图上必须符合多样统一的原理，既要有调和又要有对比。两株树的组合，首先必须有其通相，同时又有其株相，才能使二者既有变化又有统一。凡是差别太大的两种树木，会显得对比太强、不协调。一般而言，两株丛植宜选树种相同或外形相似，或同为乔木、灌木、常绿树、落叶树，动势呼应。

2．三株式树丛

三株配合，适于同一树种或两个树种，两树种时需同为常绿树或落叶树，同为乔木或灌木。三株树木的大小、姿态都应有差异和对比，但应符合多样统一构图法则。三株忌栽植在同一直线上或栽植成等边三角形；两个树种异者不能单独成组。画论指出：三株一丛，第一株为主树，第二为客树，第三为丛树；三株一丛，则两株宜近，一株宜远，近者曲而俯，远者宜直而仰；三株一丛，三树不宜结，也不宜散，散则无情；乔灌分明，常绿落叶分清，针叶阔叶有异。总体上讲究美，有法无式，不可拘泥。

3．四株式树丛

四株树丛的配合，用同一树种或两个树种，必须同为乔木或同为灌木才较调和。如果应用三种以上的树种，或大小悬殊的乔木、灌木，就不易调和，所以原则上四株的组合不要乔、灌木合用。四株式树丛不能两两为组，应为3∶1的组合。平面可布置成不等边三角形或不等边四角形。

树种相同时，在树木大小排列上，最大的一株要在集体的一组中，远离的可用大小排列在第二、三位的一株；树种不同时，只能三株为一种，另一株为一种。这一株不能最大，也不能最小，且不能单为一组，要居于另一树种中间，不能靠边。

4．五株式树丛

五株同为一个树种的组合方式，每株树的体形、姿态、动势、大小、栽植距离都应不同。最理想的分组方式为3∶2，就是三株一小组、二株一小组，主体必须在三株的那一组中。另一种分组方式为4∶1，其中单株树木，不宜最大或最小。

两个树种时，一种三株，另一种两株，容易平衡，可有三种布置方式。如果四株一样，一株为另一树种，则不易协调，一般不用。

5．六株以上树丛

树木的配置，株数越多就越复杂，但分析起来，孤植树是一个基本，二株丛植也是一个基本，三株由二株和一株组成，四株由三株和一株组成，五株则由一株和四株或三株和二株组成。理解了五株配置的道理，则六、七、八、九株同理类推。因此，不同功能的树丛，树种造景要求不同。庇荫树丛，最好采用同一树种，用草地覆盖地面，并设天然山石作为坐石或安置石桌，石凳。观赏树丛可用两种以上乔灌木组成。

三、群植

（一）树群的功能与布置

群植指成片种植同种或多种树木，常由二三十株以上数百株的乔灌木组成。

树群株数较多，占地较大，在园林中可作背景用，在自然风景区中亦可作为主景。两组树群相邻时又可起到透景、框景的作用。树群所体现的主要是群体美，可做规则式或自然式配植。树群在园林植物造景中常作为主景或临界空间的隔离。

树群应布置在有足够面积的开阔的场地上，如靠近林缘的大草坪上、宽广的林中空地、水中的小岛上、宽广水面之滨、小山的山坡、土丘上等，尤其配置于滨水效果更佳。树群在主要立面的前方，至少在树群高度的 4 倍，宽度的 1.5 倍距离以上，要留出空地，以便游人欣赏。

（二）树群设计

1．单纯树群

由一个树种构成，为丰富其景观效果，树下可用耐阴宿根花卉等做地被，如玉簪、萱草、鸢尾等。

2．混交树群

是树群的主要形式，具有多重结构，层次性明显，一般 3 ～ 6 层，水平与垂直郁闭度均较高，为树群的主要形式。

（1）立面布局。中心至边缘渐次排列，乔木层（7 m ～ 8 m）、亚乔木层（5 m ～ 6 m）、小乔木层（3 m ～ 4 m）、大灌木层（2 m ～ 3 m），小灌木层（1 m ～ 2 m）及多年生草本植被（10 m ～ 50 cm），形成封闭空间。树群的外缘可造景 1 ～ 2 个树丛及孤植树。树群的天际线应富于起伏变化，从任何方向观赏，都不能呈金字塔式造型。

（2）平面布局。处于树群外缘的花灌木有呈不同宽度的自然凹凸环状配植的，但一般多呈丛状造景，自然错落、断续。

（3）树种选择。树群造景要做到群体组符合单体植物的生理生态要求，第一层的乔木应为阳性树，第二层的亚乔木应为半阴性树，乔木之下或背面的灌木、草本应耐阴或为全阴性的植物。

华北地区适用的树群，其乔木层为阳性树种的青杨，亚乔木层为半耐阴的平基槭和稍耐阴的山楂，乔木下为稍耐阴的白皮松（青杨的更替树种），半耐阴的灌木珍珠梅、忍冬，极其耐阴的宿根草本植物玉簪。树群边缘灌木成丛造景，选用的是半耐阴的珍珠梅、忍冬和喜光的榆叶梅、碧桃。注意树群的天际线起伏而有韵味。

3．功能型树群

随着生态园林的深入和发展，及景观生态学、全球生态学等多学科的引入，植物景观的内涵也随着景观的概念而不断扩展，植物造景不仅是利用植物营造视觉艺术效果的景观，还应遵循生态学的原理，建设多层次、多结构、多功能、科学的植物群落，达到生态美、科学美、文化美和艺术美。恢复人与自然的和谐，充分发挥园林绿化的生态效益、景观效益、经济效益和社会效益。具体类型如下。

（1）观赏型树群。运用风景美学原理，经科学设计、合理布局，构成一个自然美、艺术美、社会美的整体，体现多单元、多层次、多景观的生态型人工植物群落，观赏型植物群落中季相变化应用最多，园林工作者在设计中讲究春花、夏叶、秋实、冬干，通过对植物的合理配置，达到四季有景。

最突出的植物季相景观配置的例子之一是杭州的花港观鱼，春夏秋冬四季景观变化鲜明，春有牡丹、樱花、桃、李，夏有荷花，秋有桂花，冬有蜡梅、雪松，让游人一年四季享受美妙的景观变化。

（2）保健型树群。利用产生有益分泌物和挥发物的植物配置。形成一定的生态结构，达到增强人们健康，防病治病目的的树群。在公园、居民区，尤其是医院、疗养院等医疗单位，应以园林植物的杀菌特性为主要评价指标，结合植物的吸收 CO_2，降温增湿、滞尘以及耐阴性等测定指标，选择适用于医院绿地的园林植物种类，如具有乔柏素的柏树、香花中的芳香植物等。

（3）环境防护型树群。以园林植物的抗污染性为主要评价指标，结合植物的光合作用、蒸腾作用、吸收污染物特性等测定指标，进行分析，选择出适于污染区绿地的园林植物。以通风较好的复层结构为主，组成抗性较强的植物群落，有效地改善重污染环境局部区域内的生态环境，提高生态效益，对人们健康有利。

街道、公路周边地区的植物种植模式：侧柏＋悬铃木（国槐、银杏、白蜡、毛泡桐）、大叶黄杨＋紫丁香（或紫薇、天目琼花、锦带花）、早熟禾或麦冬。

（4）知识型树群。在公园、植物园、动物园、风景名胜区，收集多种植物群落，可按分类系统，或按种群生态系统排列种植，建立科普性的人工群落。

植物的筛选，不仅着眼于色彩丰富的栽培品种，还应将濒危和稀有的野生植物引入园中，既可丰富景观，又保存和利用了种质资源，激发人们热爱自然、探索自然奥秘的兴趣和爱护环境、保护环境的自觉性。

（5）文化型树群。特定的文化环境如历史遗迹、纪念性园林、风景名胜、寺庙、古典园林等，通过各种植物的配置使其具有相应的文化环境氛围，形成不同种类的文化环境型人工植物群落，从而使人们产生各种主观感情与宏观环境之间的景观意识，引起共鸣和联想。

各种植物不同的配置组合，能形成千变万化的景境，给人以丰富多彩的艺术感受。“几处早莺争暖树，谁家新燕啄春泥。乱花渐欲迷人眼，浅草才能没马蹄，最爱湖东行不足，绿杨阴里白沙堤。”这是著名诗人白居易对植物形成春光明媚景色的描述。“独坐幽篁里，弹琴复长啸。深林人不知，明月来相照。”这是著名诗人王维对植物所形成的“静”的感受。

（6）生产型树群。不同的立地条件下，发展具有经济价值的乔、灌、花、果、草、药和苗圃基地，并与环境协调，既满足市场的需要，又增加社会效益的人工植物群落为生产型树群，如在绿地中选用干果或高干性果树（板栗、核桃、银杏等）；在居民区种植桃、杏、海棠等较低矮的果树，结果后在管理人员的指引下，参与采果等富有人性化的活动。

四、斑块植

（一）定义

斑块，一词源于百合科百合属的斑块百合植物。在粉红色花被上镶嵌了无数自然斑点，故名。斑块植，指因植物品种自然镶嵌而边界模糊的一种绿地设计类型。斑块特点为自然团状、面积不定、组合随意、边缘模糊。自然界斑块形状种类繁多，如规则斑块有覆轮、中斑、内锦、糊斑、琥珀斑等；自然斑块有自发锦、高稳态斑锦、糊斑、分裂锦等。

植物斑块设计要点：斑块植配及配形问题和边缘形状及融合度问题。

（二）常见设计手法

构景原理是通过不同地被植物边缘自然嵌合，构成斑块状复合景观。通过植物斑块艺术构图，表现植物自然群落关系。

1. 一般湿地斑块植配法

湿地，指由水域滩涂或水面植物共同构成的一种生态植被群落境地。

湿地资源指纳入城市蓝线范围内，具有生态功能的天然或人工，长久或暂时性的沼泽地、泥炭地或水域地带，以及低潮时水深不超过 6m 的水域因其覆盖性强、叶表面积大、增氧量高、净水能力强等，被誉为“地球守护者”。湿地的存在，为人类生存环境提供了强有力的生物多样性和稳定性支持。湿地斑块面积与植物群落多样性指数和群落类型数均呈极显著正相关关系。换言之，湿地斑块面积越大，维持植物多样性指数越高，越有利于植物群落多样性的维持和稳定。自然界湿地划分为红树林湿地、溪涧湿地、沼泽湿地、景观湿地等四大类型。常见设计手法有自然式湿地斑块、规则式湿地斑块等两种。

自然式湿地斑块系原始湿地基本形态。人工植物造景中的“自然式湿地斑块”有两个概念：一是滨水滩涂或水域地形为自然式；二是自然式湿地植物配置设计。其中，湿地植物水深要求、湿地组合形态、湿地观赏组织是三个主要设计要素。

（1）湿地植物水深要求。按照湿地植物生长最适水深划分为沿生类（不大于 0.1 m）、挺水类（0.1 m ～ 1.0 m）、浮水类（0.5 m ～ 3.0 m）、漂浮类（不限水深）、沉水类（不限水深）等五种。从栽培学角度而言，大多数依赖于茎干叶梗生长的挺水类湿地植物最适水深在 1 m 以内，如芦苇、鸢尾、唐菖蒲、水棕竹、千屈菜、薰衣草等。除了水深要求外，湿地植物对水环境也有一定要求，即水温 10 ～ 25 ℃为宜，pH 值 5.5 ～ 7.5 为宜，水底淤泥层厚度不小于 0.5 m。

（2）湿地组合形态。从景观学角度，一般划分为原始形态和设计形态两种。前者，常见于原始森林中湿地、滨海湿地、滨江湿地、溪流湿地、漫滩湿地等；后者，则纯属人工依势而组、依形而组、依景而组、依物而组之景观形态。

①依势而组。指湿地形态顺水流走向自然成形与组合。从水域滩涂自然堆积的形态变化分析，水流冲刷、搬运的共同作用常会使迎水面变窄，背水面变宽，从而表现出一种形如“壳斗状”的湿地形态及其自然组合，其中溪流表现尤其典型。

②依形而组。在溪流自然涡体处，因水流减缓、泥沙搬运甚至回流等，极易形成湿地斑块。常见斑块组合形态表现为自然成团、边缘圆滑、形态各异、增减不定。

③依景而组。人们在因借自然湿地造园时，总结出了许多有趣的景观设计手法。如七星伴月、母虎藏子等。

七星伴月：在较宽阔的水域中，以一座面积较大的湿地为“月亮”，旁边七座面积较小的湿地为“星星”，向心环抱造型，构成湿地斑块景观组合。

母虎藏子：在共十五座湿地中，其中一座面积较大者为“母虎”，其余均为“子虎”从任何角度观看，都只能看到十四座而差一座，曰“藏子”。

④依物而组。湿地植物的团状成簇自然组合是有一定规律可循的。一般来说，同一种湿地植物容易构成“团”。所以，湿地斑块应是一种湿地植物“团”与“团”的自由组合。换言之，就是湿地植物借助于湿地斑块而成形。常见湿地植物组合设计有种间搭配、花色搭配、随意搭配等三种。

第一，种间搭配是指湿地植物品种或类型之间的搭配。

同科品种之间搭配：芦竹（禾本科）+ 菰草（禾本科）+ 狼尾草（禾本科）。

不同科品种之间搭配：水生美人蕉（美人蕉科）+ 荷花（睡莲科）+ 千屈菜（千屈菜科）+ 菖蒲（天南星科）+ 花叶水葱（莎草科）+ 香蒲（香蒲科）等。

同类型品种之间搭配：千屈菜（挺水类）+ 水葱（挺水类）+ 花叶香蒲（挺水类）+ 黄菖蒲（挺水类）等。

不同类型品种之间搭配：小香蒲（挺水类）+ 雨久花（挺水类）+ 欧洲大慈姑（浮水类）+ 水蓼（挺水类）+ 凤眼莲（漂浮类）+ 黑藻（沉水类）+ 浮萍（漂浮类）等。

花色搭配：美人蕉（红花）+ 美人蕉（黄花）+ 千屈菜（紫色花）+ 雨久花（蓝紫色）+ 水鳖（白花）等。

第二，湿地观赏组织，主要包括俯视观赏、正面观赏、透视观赏与水中游四种类型。

俯视观赏：指空中俯瞰湿地组合景观。景观设计师常以此作为设计依据进行湿地景观规划布局。

正面观赏：指人们从正面（即横向）观赏湿地组合景观。

透视观赏：指人们透过滨岸植物“框景”观赏湿地组合景观。

规则式湿地斑块：系设计型湿地景观形态。常根据滨水规则式交通状况划分为道路型、栈道型。①道路型是指湿地植物配置形态因滨河路线形而呈现的规则式类型。特点：构图简单、简洁清晰、易于组合。②栈道型是指湿地植物配置形态因滨水栈道线形而呈现的规则式类型。特点是栈道观景、构图复杂、趣味设计。

第三，植配注意事项。

湿地植物斑块可用于净水流域配置。配置时宜采取先阔叶，再细叶等顺序，或者先沿生，再挺水、浮水、漂浮顺序。

湿地植物斑块边缘形态以自然曲线为宜，面积大小任意。

2．植物细胞拟态斑块植配法

在高倍显微镜下人们所观察到的植物细胞组织结构形态自然、有趣。其结构内容为细胞核、液泡、内质网、白色体、线粒体、叶绿体、胞间连丝等，它们彼此巧妙嵌合，如同自然斑块一样。景观设计师以此为出发点，可以仿生拟态出非常有趣的植物斑块设计方案。常见设计手法有归因拟态、全景拟态、拟态变形等三种。

（1）归因拟态。指植物斑块构图仅取意于部分细胞结构的设计类型。归因，即植物斑块归因于植物细胞的某个结构特征而基本成形。常用于疏林草坪造景。特点是意境拟态、新颖创意、自然生态。

（2）全景拟态。指植物斑块完全模拟植物细胞结构的设计类型。以园路为细胞壁，植物各自然组群为细胞内其他结构组织形态。在草坪植配设计中，通过两个最佳观赏点的介入控制斑块形态构图。

（3）植配注意事项。植物细胞斑块宜以大草坪作为拟态设计基础，草坪中的各种拟态景观均可按照场景要求进行调整；大草坪中的所有植物拟态斑块体量，均应按植物细胞结构比例进行严格控制；各斑块植物的选择应符合适、少、精、效的原则。

3．花境斑块植配法

又称为花径，花境指多种花卉交错混合栽植，沿道路形成的自然状斑块花带。常见设计手法有波纹式斑块、彩带式斑块两种。

（1）波纹式斑块。指沿道路两侧呈波纹式栽植的斑块花带类型。特点是花团锦簇、波纹动态感较强、野性十足。常用于规则式游步道植物配置设计。常见植物有紫云英、波斯菊、二月兰、旱金莲、虞美人、美人蕉、鼠尾草、花葵草、薰衣草、紫花地丁、三色堇、百里香、毛地黄、万寿菊、报春花、观赏谷子、岩生庭芥、小角堇、向日葵、麦仙翁、格桑花、扁竹根等。

（2）彩带式斑块。指沿道路两侧呈彩带式栽植的斑块花带类型。特点是模纹斑块、动态飘逸、动感十足。常用于自然式游步道植物配置设计。

4．溪涧湿地斑块植配法

（1）乱石滩湿地。指夹杂在乱石滩自然水系中的湿地植物类。特点是位于源头、滩浅石乱、自然成溪，以杂草、常绿蒲苇草、细叶芒、花叶芒、金芒、斑叶芒、阔叶芒、鼠尾草等为主。

（2）三角洲湿地。指位于溪流（或江河）中部因积沙而形成的三角形湿地绿洲，又称为沙坡头湿地。特点是三角洲形、斑块若隐若现、形态自然。以禾本科植物常见，如芦苇、芦竹、狼尾草、孤草以及金芒、细叶芒等。

（3）阶地湿地。指位于溪流（或江河）回水湾处的湿地植物类。

（4）植配注意事项。溪涧湿地植物斑块应结合乱石配景复合造型。其总控宽可参考河床最宽值与最窄值。溪涧湿地斑块的野性边缘设计，常以石而隔、以滩而设、以景而补，总体上不固定。溪涧湿地斑块的植物选择需注意适地适树原则，并兼具地方特色。

5．草坪指形斑块植配法

经过整形后的植物在草坪上勾勒飘逸图案，所刻画出的是一种斑块变形艺术其形易组、其景易趣、其色易配、其境易趣。

（1）连指形斑块。指草坪整形植物斑块呈连指状的设计类型。特点是位于草坪边缘、连指构景、动感一致、斑块趣味、绿篱植物为主。

（2）对指形斑块。指草坪整形植物斑块呈对指状的设计类型。特点是位于草坪边缘，分“手”构景、对景观赏、层次可控。

（3）咬指形斑块。指草坪整形植物斑块呈咬指状的设计类型。特点是指尖对咬、斑块动态、空间共有、一气呵成。常见植物品种有金叶女贞、红叶石楠、南天竹、大叶黄杨、小叶黄杨、十大功劳、蚊母、杜鹃、鸭脚木、侧柏、榔榆、榆叶梅、小叶女贞、肾蕨、小蒲葵、丝兰等。

（4）植配注意事项。指形斑块篱带植物宜选择枝密、常绿或红叶、耐修剪、灌浓、慢生等树种，慎选长势快、落叶、枝疏、带刺等品种；为了凸显指形斑块篱带的浮雕造型艺术效果，剪口均应顶平、侧直、图案完整等；指形斑块外缘的植物组景，需按设计主题要求及图形效果适当加强。

第三节　规则式植物配置及造景设计

一、对称植

（一）对称植的基本内容

对称植，又称为对植。将树形美观、体量相近的同一树种，以呼应之势在中轴线两侧栽植互相呼应的园林植物，称为对植。对植强调对应的树木在体量、色彩、姿态等方面的一致性，只有这样，才能体现出庄严、肃穆的整齐美。对植可为两三株树木或两个树丛、树群。

1. 对称植的功能

对植常用于房屋和建筑前、广场入口、大门两侧、桥头两旁、石阶两侧等，起到衬托主景的作用，或形成配景、夹景，以增强透视的纵深感。对植也常用在有纪念意义的建筑物或景点两边。

2. 对称植树种选择要点

对植多选用树形整齐优美、生长较慢的树种，以常绿树为主，但很多花色优美的树种也适于对植。可选择如雪松、侧柏、水杉、池杉、南洋杉、苏铁、棕榈、紫玉兰、罗汉松、小叶榕、香樟、银杏、海桐、丁香、桂花、圆柏、紫薇、梅、木槿等。

3. 对称植的设计形式

（1）对称栽植。树种相同，大小相近的乔木、灌木造景于中轴线两侧，与大门中轴线等距离栽植两株（丛）大小一致的植物、加强和强调建筑物。在平面上要求严格对称，立面上高矮、大小、形状一致。

（2）非对称式栽植。树种相同或近似，大小、姿态、数量稍有差异的两株或两丛植物在主轴线两侧进行不对称均衡栽植。动势向中轴线集中，于中轴线垂直距离是大树近，小树远。非对称栽植常用于自然式园林入口、桥头、假山登道、园中园入口两侧，布置比对称栽植灵活。

4．构景原理

利用轴线构图关系，均衡地配置植物。通过空间艺术编排，强化主入口景观。通过节奏韵律性植物配置，构成特色景观。

（二）常见设计手法

1．主入口对称植配法

主入口，即空间起始端主要出入口。人们在进入某空间之前，普遍有一种心理均衡感需求，上下左右打量着主入口各种外在配置。当这些配置与心理期望值基本相符时，则表现为亢奋；否则，会产生一种莫名其妙的抵触心情，不屑一顾。其中，以主入口植物对称式配置最为典型。

2．设计手法

常见设计手法有建筑植配法、坐憩点植配法等。

（1）建筑植配法。由对称式建筑物所构成的中轴线，将人们观赏视线自然地吸引到主入口处。此时，若在中轴线主入口处对称配置两株体量、树种、树姿等几乎相同的植物时，则建筑物形象将大大提升。

（2）坐憩点植配法。坐憩点作为绿地空间规划中的一种“三维空间平衡点”，在构图上应按照场地总体流向进行诸如远近平衡虚实平衡、熟悉和陌生的平衡、主导和隐退的平衡、主动和被动的平衡、流动和凝固的平衡等一系列理念进行主入口设计。其中，采取造型植物对称式配置最为妥当，常见树种有侧柏、垂榕柱、小叶女贞柱、圆柏、龙柏等。

（3）其他植配法。对于一些建筑主入口、厂大门、办公楼大门以及梯道入口等处的两侧，也常对称配置植物。常见树种有棕竹、海桐球、含笑球、杜鹃球、樱花、梅花、小叶榕、紫荆、鸡蛋花、蒲葵、凤尾竹、红枫、红叶石楠等。

（4）植配注意事项。建筑主入口对称植的观赏主体是“建筑”，透过树枝框景所看到的是建筑物景观，两者之间主次分明。一株长势良好的椴树，如果是孤植的，就会观察其枝干的结构、细枝、嫩芽、叶子、光影图案及其优美的外轮廓和精致的细部。

主入口对称植虽属于静态设计，但轴线所产生的视景“运动感”却很强，有起点、终点。因此，在植物构图方面，须重视均衡设计效果。

3．非对称植配法

又称为植物均衡感设计。一些看起来截然不同的两种植物，通过同一条轴线彼此相关。人们对这种相关性最直接的感受，就是均衡感。配置于轴线两侧的不同植物，通过人脑对其树形、树姿、叶色、花色以及落叶等进行一系列判断和加工后，获得一种权重平衡感或隐含平衡感，当心理确认适应后，即对这种配置产生兴趣。平衡可同样存在于不相似的物体或不相似布置的物体中，但这种选择、安排应使得垂直轴线一侧的吸引力等同于另外一侧。这种平衡被称作非对称平衡或隐含平衡。

常见设计手法有地形视线修正法、斜角视线修正法、月洞门视线修正法等三种。

地形视线修正法：位于坡地形前的景观小品，由于山脊暗背景，视线的影响而产生不均衡感。

斜角视线修正法：当道路与建筑物呈斜角相交时，由于建筑物体量的严重影响而产生不均衡感。通过非对称植配设计可以进行有效调整，使景观画面重心重新获得均衡感。

月洞门视线修正法：于月洞门两侧采取非对称植物配置，在修正观赏视线的同时，获得艺术美感。

二、行列植

（一）定义

行列植，又称为列植、阵列植、树阵植、竹阵植等。列植是乔木或灌木植物按一定的株行距成行种植。

列植的功能与布置：列植在园林中可发挥联系、隔离、屏蔽等作用，可形成夹景或障景。主要用于公路、铁路、城市街道、广场、大型建筑周围、防护林带、农田林网、水边种植等。

列植造景形式设计：列植有单列、双列、多列等类型。列植应用最多的是道路两旁。

道路一般都有中轴线，最适宜采取列植的配置方式，通常为单行或双行，选用一种树木。行道树列植宜选用树冠形体比较整齐一致的种类。株距与行距的大小应视树的种类和所需要遮阴的情况而定。一般大乔木行距为 5 m ～ 8 m，中小乔木为 3 m ～ 5 m，大灌木为 2 m ～ 3 m。

列植树木要保持两侧的对称性，平面上要求株行距相等，立面上树木的冠径、胸径、高矮则要大体一致。列植树木形成片林，可做背景或起到分割空间的作用，通往景点的园路可用列植的方式引导游人视线。

构景原理是利用植物株行等距离配置方式，构成线形或阵列群体美景观。利用高大树种阵列配置，构成广场植物景观特色。利用植物阵列群植，构成防护林体系。

（二）常见设计手法

1．行道树植配法

城市道路系统具有交通组织、街区骨架、景观走廊、遮阴纳凉、城市形象等五大功能。作为道路线形风景构图主体的行道树，高大形优、冠阔浓郁、抗性优良等是必备的设计条件。

常见设计手法有街区同种绿带式、韵律混种绿带式等两种。

（1）街区同种绿带式。街区同种绿带式指同一街区采用同一种树种的配置方式。特点是品种统一、绿带整齐、构图简洁。

（2）韵律混种绿带式。韵律混种绿带式指同一街区（或滨岸）采用两种以上树种的配置方式。特点是交替列植、韵律成景、节奏感强、骨干树醒目。常见设计手法有一高一低式、一高二低式，一高群低式、三高五低式等四种。

一高一低式：指行道树按照1株大（或中）乔木、1株小乔木或灌木的节奏韵律配置方式。特点是对比强烈、林冠线节奏感强、空间紧凑。常见树种组合有垂柳＋碧桃；棕榈＋毛叶丁香球，香樟＋海桐球。

一高二低式：指行道树按照1株大（或中）乔木、1株小乔木或灌木的节奏韵律配置方式。特点：对比强烈、林冠线节奏感较强，空间尚紧凑。常见树种组合有：雪松＋紫薇；老人葵＋毛叶丁香球，桂花＋棕竹等。

一高群低式：指行道树按照1株大（或中）乔木、几株小乔木或灌木的节奏韵律配置方式。特点是对比强烈、林冠线节奏韵律感强、空间尚紧凑。常见树种组合有，雪松＋海桐球＋紫薇，银杏＋木槿＋紫薇＋含笑球等。

三高五低式：指行道树按照3株大（或中）乔木、5株小乔木或灌木的节奏韵律配置方式。特点是对比强烈，林冠线节奏韵律感强，空间尚紧凑。常见树种组合有老人葵＋红叶石楠球，天竺桂＋金叶女贞球等。

（3）植配注意事项。用作街景节奏韵律的同一种行道树规格须相对统一；用作街景节奏韵律的行道树配置距离须相对统一。

2．道路板带植配法

常见设计手法有一板二带式、二板三带式、三板四带式、四板五带式等四种。

（1）二板三带式植配法。在交通干道板块设计中，通常于道路中央设置绿化隔离的方式将板块一分为二，再连同两侧行道树共同构成二板三带式交通系统，如高速公路、高等级公路、城市主干道、国道等。

（2）三板四带式植配法。在交通干道板块设计中，通常于道路中央设置绿化隔离的方式将板块一分为三，再连同两侧行道树共同构成三板四带式交通系统。

（3）四板五带式植配法。在交通干道板块设计中，通常于道路中央设置绿化隔离的方式将板块一分为四，再连同两侧行道树共同构成四板五带式交通系统。

（4）植配注意事项。同一条道路板带节奏韵律植配设计，应注意连续性；道路中央隔离带在严格控高的前提下，应注意一定的通透性。

3．高速公路匝道动态引导植配法

高速公路匝道口绿地除了植物造景外，还可采用植物动态构图辅助引导驾驶员安全通行。常见设计手法有变角色带式、梯形色带式、动感色带式等三种。

（1）变角色带式。利用色块植物角度变形的构图方式引导行驶方向。行驶在高速公路匝道口的驾驶员对正前方弧形区域最为敏感，他们在不断调整速度的同时，也在欣赏着优美的绿地构图景观。植物“动感”色带按照行驶方向由低而高配置。

（2）梯形色带式。利用色块植物阶梯状的构图方式引导行驶方向。顺应方向，前低后高的植物梯度色块配置，有利于快速视线的景观捕捉和减缓驾驶疲劳。

（3）动感色带式。利用绿篱与色块植物共同动感构图方式引导行驶方向。模拟“龙”形图案，任龙须飘带自然蜿蜒指引行驶方向。

（4）植配注意事项。高速公路匝道植物导向艺术构图，应有较明显的构图规律性，结合场地条件进行设计。图案中若需配置乔木时，须严格控制。植物导向配置区域面积宜大不宜小。

三、绿篱植

（一）定义

1．概念

绿篱植即绿篱、绿墙，是耐修剪的灌木或小乔木以近距离的株行距密植，呈紧密结构的规则种植形式。单行或双行排列而组成的规则绿带，是属于密植行列栽植的类型。

2．绿篱植的功能与布置

（1）范围与围护作用。在园林绿地中，常以绿篱作为防范的边界，例如，用刺篱、高篱或绿篱内加铁丝，绿篱可用作组织浏览路线。

（2）分隔空间和屏障视线。园林的空间有限，往往又需要安排多种活动用地，为减少互相干扰，常用绿篱或绿墙进行分区和屏障视线，以便分隔不同的空间。这种绿篱最好用常绿树组成高于视线的绿墙。如把儿童游戏场、露天剧场、运动场等与安静休息区分隔开来，这样才能减少互相干扰。局部规则式的空间，也可用绿篱隔离，这样对比强烈、风格不同的布局形式可以得到缓和。

（3）作为规则式园林的区划线。以中篱作分界线，以矮篱作花境的边缘，或做花坛和观赏草坪的图案花纹。一般装饰性矮篱选用的植物材料有黄杨、大叶黄杨、桧柏、雀舌黄杨等。其中以雀舌黄杨最为理想，因其生长缓慢，别名千年矮，纹样不易走样，比较持久。也可以用常春藤组成粗放的纹样。

（4）作为花境、喷泉、雕像的背景。园林中常用常绿树修剪成各种形式的绿墙，作为喷泉和雕像的背景，其高度一般要与喷泉和雕像的高度相称，色彩以选用没有反光的暗绿色树种为宜。作为花境背景的绿篱一般均为常绿的高篱及中篱。

（5）美化挡土墙或景墙。在各种绿地中，为避免挡土墙立面的枯燥，常在挡土墙的前方栽植绿篱，以便把挡土墙的立面美化起来。

（6）做色带。中矮篱的应用，按绿篱栽植的密度，其宽窄随设计纹样而定，但宽度过大将不利于修剪操作，设计时应考虑工作小道。在大草坪和坡地上可以利用不同的观叶木本植物（灌木为主，如小叶黄杨、红叶小檗、金叶女贞、桧柏、红枫等）组成具有气势、尺度大、效果好的纹样，如北京天安门观礼台、三环路上立交桥的绿岛等由宽窄不一的中、矮篱组成不同图案的纹饰。

（二）绿篱的设计

1．绿篱高度

根据使用功能的不同，绿篱高度各异。

绿墙：高度在人视线高 160 cm 以上，有的在绿墙中修剪形成绿洞门。高绿篱：高度在 120 cm ～ 160 cm，人的视线可以通过，但不能跳越。

中绿篱：高度为 50 cm ～ 120 cm。

矮绿篱：高度在 50 cm 以下，人们能够跨越。

2．绿篱设计形式与植物选用

根据功能和观赏要求，绿篱设计形式通常有以下几种。

（1）常绿篱。常绿篱一般由灌木或小乔木组成，是园林绿地中应用最多的绿篱形式。该绿篱一般常修剪成规则式。常采用的树种有柏、侧柏、大叶黄杨、瓜子黄杨、女贞、珊瑚、冬青、蚊母、小叶女贞、小叶黄杨、月桂、海桐等。

（2）落叶篱。由一般的落叶树种组成，常见的树种有榆树、雪柳、水蜡树等。

（3）花篱。花篱是由枝密花多的花灌木组成。通常是任其自然生长成为不规则的形式，至多修剪其徒长的枝条。花篱是园林绿地中比较精美的绿篱形式，一般多用于重点绿化地带，其中常绿芳香花灌木树种有桂花等。常绿及半常绿花灌木树种有六月雪、金丝桃、迎春等。落叶花灌木树种有锦带花、木槿、紫荆、珍珠花、麻叶绣球、绣线菊等。

（4）观果篱。通常由果实色彩鲜艳的灌木组成。一般在秋季果实成熟时，景观别具一格。观果篱常用树种有枸杞、火棘、紫珠、忍冬、花椒等。观果篱在园林绿地中应用还较少，一般在重点绿化地带才采用，在养护管理上通常不做大的修剪，至多剪除其过长的徒长枝，如修剪过重，则结果率降低，影响其观果效果。

（5）刺篱。由带刺的树种组成，常见的树种有枸杞、山花椒、山皂荚等。

（6）蔓篱。由攀缘植物组成，需事先设供攀附的竹篱、木栅栏等。主要植物可选用地锦、葡萄、南蛇藤，还可选用草本植物牵牛花、丝瓜等。

3．绿篱造型形式

（1）整形绿篱。即把绿篱修剪为具有几何形体的绿篱。具有较强的规整性，人工塑造性强。

（2）不整形绿篱。仅做一般修剪，保持一定的高度，下部枝叶不加修剪，使绿篱半自然生，不塑造几何形体。

（3）编篱。把绿篱植物的枝条编结起来的绿篱。编篱通常由枝条韧性较大的灌木组成，将这些植物的枝条幼嫩时编结成一定的网状或格栅状的形式。编篱既可编制成规则式，亦可编成自然式。常用的树种有木槿、枸杞、小叶女贞、紫穗槐等。

（4）篱植种植密度。绿篱的种植密度根据使用的目的性，所选树种、苗木的规格和种植地带的宽度而定。矮篱、一般绿篱，株距为 30 cm ～ 50 cm，行距为 40 cm ～ 60 cm，双行式绿篱星三角交叉排列。绿墙的株距可采用 100 cm ～ 150 cm，行距可采用 150 cm ～ 200 cm。绿篱的起点和终点应做尽端处理，以使其从侧面看来比较厚实美观。

四、花坛植

（一）定义

花坛是按照设计意图，在有一定几何轮廓的植床内，以园林草花为主要材料布置而成的，具有艳丽色彩或图案纹样的植物景观。

1．花坛的功能与定位

在园林构图中，花坛常做主景或配景，具有较高的装饰性和观赏价值。花坛主要表现花卉群体的色彩美，以及由花卉群体所构成的图案美，能美化和装饰环境，增加节日的欢乐气氛，同时还有标志宣传和组织交通的作用。花坛大多布置在道路中央、两侧、交叉点、广场、庭院、大门前等处，是园林绿地中重点地区节日装饰的主要花卉布置类型。

2．花坛的设计

现代花坛样式极为丰富，某些设计形式已远远超过了花坛的最初含义，设计内容如下。

（1）表现主题与材料使用。

①盛花花坛。主要由观花草本花卉组成，表现花盛开时群体的色彩美。这种花坛在布置时不要求花卉种类繁多，只要求图案简洁鲜明，对比度强。一般选用高矮一致、开花整齐繁茂、花期较长的草本花卉。常用植物材料有一串红、美女樱、三色堇、万寿菊、鸡冠花等。

②模纹花坛。主要由低矮的观叶植物和观花植物组成，表现出复杂的图案美。通常需利用修剪措施以保证纹样的清晰。优点在于观赏期长，因此图案式花坛的材料应选用生长期长、生长缓慢、枝叶茂盛、耐修剪的植物。具体包括以下几种。

A. 毛毡花坛：由各种观叶植物组成精美的装饰图案，植物修剪成同一高度，表面平整，宛如华丽的地毯。

B. 浮雕花坛：是依花坛纹样变化，植物高度不同，部分纹样凸起或凹陷，凸出的纹样多由常绿小灌木组成，凹陷面多栽植低矮的草本植物，也可以通过修剪使同种植物因高度不同而呈现凸凹变化，整体上具有浮雕的效果。

C. 彩结花坛：是花坛内纹样模仿绸带编成的绳结式样，图案的线条粗细一致，并以草坪、砾石或卵石为底色。

③造型花坛。又叫立体花坛，即用花卉栽植在各种立体造型物上而形成竖向造型景观。造型花坛可创造不同的立体形象，如动物、人物或实物，通过骨架和各种植物材料组装而成。一般作为大型花坛的构图中心，或造景花坛的主要景观，也有独立应用于街头绿地或公园中心，如可以布置在公园出入口、主要路口、广场中心等游人视线的焦点上成为对景。

④造景花坛。以自然景观作为花坛的构图中心，通过骨架、植物材料和其他设备组装成山、水、亭、桥等小型山水景观的花坛。

（2）花坛空间规划形式。

①平面花坛。花坛表面与地面平行，主要观赏花坛的平面效果，包括沉床花坛或高出地面的花坛。

②斜面花坛。花坛设置在斜坡或阶地上，也可以布置在建筑的台阶两旁或台阶上，花坛表面为斜面，同时也是主要的观赏面。

③立体花坛。花坛向空间伸限，具有竖向景观，是种超出花坛原有含义的布置形式，它以四面观为主。包括造型花坛、标牌花坛等形式。

④造型花坛。是图案式花坛的立体发展或称立体构型，它是以竹木或钢筋为骨架的泥制造型在其表面种植五彩草或小菊等草本植物制成的一种立体装饰物。它是植草与造型的结合，形同雕塑，观赏效果很好。

⑤标牌花坛。是用植物材料组成竖向牌式花坛，多为一面观赏。

（3）花坛的组合形式。

①独立花坛。即单体花坛。常设置在广场、公园入口等较小的环境中，作为局部构图的主体，一般布置在轴线的焦点、公路交叉口或大型建筑前的广场上。独立花坛的面积不宜过大，若是太大，需与雕塑喷泉或树丛等结合布置。

②花坛群。由多个花坛按一定的对称关系近距离组合而成的一个不可分割的景观构图整体。花坛群的构图中心可以采用独立花坛，也可以采用水池、喷泉，雕塑来代替，喷泉和雕塑可作为花坛群的构图中心，也可作为装饰。花坛群应具有统一的底色，以突出其整体感。组成花坛群的各花坛之间常用道路、草皮等互相联系，可允许游人入内，有时还可设置座椅、花架供游人休息。

③花坛组。是指同一环境中设置多个花坛，与花坛群不同之处在于各个单体花坛之间的联系不是非常紧密，如沿路布置的多个带状花坛，建筑物前做基础装饰的数个小花坛等。

（4）花坛构图立意。

①与环境关系的处理。花坛的设置。花坛在环境中可作为主景，也可作为配景。形式与色彩的多样性决定了它在设计上也有广泛的选择性。首先设计要有美感，并富有时代气息，在风格、体量、形状诸方面与周围环境相协调，其次才是花坛自身的特色。花坛的布置要和环境统一，要求色彩、表现形式、主题思想等因素与环境相协调。最后处理好花坛与建筑、道路、周围植物的关系。

花坛的体量花坛体量、大小也应与花坛设置的广场、出入口及周围建筑的高低成比例。一般不应超过广场面积的 1/3，不小于 1/5，出入口设置花坛以既美观又不妨碍游人观光路线为原则，高度应低于出入口处行人的水平视线。花坛大小要适度，长短轴之比一般小于 1∶3，平面花坛的短轴长度在 8 m ～ 10 m 以内或圆形的半径在 4.5 m 以内，斜面花坛倾斜角度＜ 30°。多采用内高外低形式，形成自然斜面，这与人的视觉规律有关。

②花坛的形状。可以有规则式、不规则式以及混合式。

③花坛细部安排。根据人的视觉规律，注意三个细节，分别为中心、边缘与主体部分。花丛式花坛内部图案要简洁，轮廓明显。忌在有限的面积上设计烦琐的图案，要求有大色块的效果。而模纹式花坛以突出内部纹样精美华丽为主，因而植床的外轮廓以线条简洁为宜，可参考盛花花坛中较简单的外形图案，内部纹样可较盛花花坛精细复杂些，但点缀及纹样不可过于窄细。

（5）色彩的处理。在花坛设计过程中，要注意色相的应用，处理好色彩比例、对比色、中间色、冷暖色、深浅色关系与应用，以及花坛色与环境色彩的关系。盛花花坛表现的主题是花卉群体的色彩美，因此一般要求鲜明、艳丽。如果有台座，花坛色彩还要与台座的颜色相协调。其配色方法如下。

①对比色应用。对比色多用于花坛轮廓设计和花坛色块设计，具有图案清晰、轮廓分明、气氛活泼、色彩华丽等特点，常用的有蓝紫色与橙色、黄色与紫堇色等对比色。深色调的对比较强烈，给人兴奋感，浅色调的对比配合效果较理想，对比不那么强烈，柔和而又鲜明，如浅紫色＋浅黄色（浅紫色三色堇＋黄色三色堇、荷兰菊＋三色堇），绿色＋红色（扫帚草＋星红鸡冠）等。

②冷暖色调应用。将近似或相同色调的花卉配置在一起，易给人以柔和愉悦的感觉，例如，金盏菊、鸡冠花、一串红等大多是橙黄色或红色花朵，属于暖色调，采用这些花卉设计的花坛景观，色彩鲜明亮丽，气氛热烈活泼；二月兰、勿忘我、翠菊等花朵多为蓝色，属冷色调，采用这些花卉设计的花坛景观给人以舒适、安静之感。

花坛设计要根据周围环境特点，选择与之协调适应的花卉色调，如公共庭院大门区、礼堂、游憩活动区域等环境中的花坛宜选用暖色调的花卉作为主体，使人感到空间明朗、色彩鲜艳；而图书馆、纪念馆等环境宜选用冷色调的花卉作为主要花坛材料，以便更好地创造安静、优雅的环境氛围。

③同色调应用。这种配色不常用，适用于小面积花坛及花坛组，起装饰作用，不做主景。色彩设计中还要注意其他一些问题。

一个花坛配色不宜太多。一般花坛 2 ～ 3 种颜色，大型花坛 4 ～ 5 种足矣。配色多而复杂难以表现群体的花色效果，显得杂乱。

在花坛色彩搭配中注意颜色对人的视觉及心理的影响。花坛的色彩要和它的作用结合考虑。花卉色彩不同于调色板上的色彩，需要在实践中对花卉的色彩仔细观察才能正确应用。同为红色的花卉，如天竺葵、一串红、一品红等，在明度上有差别，分别与早黄菊配用，效果不同。一品红红色较稳重，一串红较鲜明，而天竺葵较艳丽，后两种花卉直接与早黄菊配合，也有明快的效果，而一品红与早黄菊搭配后需要加入白色的花卉才会有较好的效果。同样，黄、紫、粉等各色花在不同花卉中明度、饱和度都不相同。

（6）花坛植物材料的选择与应用。

①花丛式花坛的植物选择。适合作花坛的花卉应株丛紧密、着花繁茂。理想的植物材料在盛花时应完全覆盖枝叶，要求花期较长，开放一致，至少保持一个季节的观赏期。一年生花卉为花坛的主要材料，其种类繁多，色彩丰富成本较低，主要有三色堇、金盏菊、金鱼草、紫罗兰、百日草，千日红、一串红、美人蕉、虞美人、翠菊等。球根花卉也是盛花花坛的优良材料，色彩艳丽，开花整齐，但成本较高，主要有郁金香、风信子、美人蕉、水仙、大丽花等。

②模纹花坛的植物选择。以枝叶细小，株丛紧密，耐修剪，生长缓慢的多年生现时植物为主，如小月季、红叶小檗、南天竹、杜鹃、六月雪、小叶女

贞、金叶女贞、半支莲、香雪球、紫罗兰、彩叶草、三色堇、雏菊、松叶菊、沿阶草、一串红、四季秋海棠、五色草等。

花坛要求经常保持鲜艳的色彩和整齐的轮廓。因此，应注意花期交替的合理应用。利用花卉的不同花期，使整个花坛的观花时间延长。

花坛中心宜选用较高大面整齐的花卉材料，如美人蕉、扫帚草、洋地黄、高金鱼草等；也有用树本的，如苏铁、蒲葵、海枣、凤尾兰、雪松、云杉及修剪的球形黄杨、龙柏等。花坛的边缘也常用矮小的灌木绿篱或常绿草本做镶边栽植，如葱兰、沿阶草等。

（7）花坛植床设计。为了突出表现花坛的外形轮廓和避免人员踏入，花坛植床一般设计高出地面 10 cm ～ 30 cm。植床形式多样，围边材料也各异，需因地制宜，因景而用。

花坛植床土壤或基质厚度也因景而异。花坛布置于硬质地面时，种植床基质宜深些，直接设计于土地的花坛，植床栽培基质可浅些，一年生草花种植层厚度不低于 25 cm，多年生花卉和灌木则不低于 40 cm。

（二）花境

花境是以宿根和球根花卉为主，结合一二年生草花和花灌木，沿花园边界或路缘布置而成的一种园林植物景观。花境的平面形状较自由灵活，是以树丛、树群、绿篱、矮墙或建筑物做背景，可以直线布置，如带状花坛也可以做自由曲线布置，内部植物布置是自然式混交的，着重于多年生花卉与少量低矮灌木并用。表现的主题是花卉群体形成的自然景观。

1. 花境的功能与布置

花境是模拟自然界林地边缘地带多种野生花卉交错生长状态，运用艺术手法设计的以多年生花卉为主呈带状布置的一种花卉应用形式。花境是一种带状布置方式，可在小环境中充分利用边角、条带等地段，营造出较大的空间氛围，是常用于林缘、墙基、草坪边缘、路边坡地、挡土墙等的装饰，还可起到分隔空间和引导游览路线的作用。花境可设置在公园、风景区、街心绿地及林荫路旁，建筑物与道路之间，用植篱配合布置单面花境，与花架游廊配合布置花境（正面或两侧）；还可与围墙挡土墙配合布置花境，起到很好的美化装饰效果。

2. 花境的设计

（1）布局形式。前低后高供一面观赏。

（2）两面观赏的花境。这种花境没有背景，多布置在道路的中央、草坪上或树丛间，植物种植是中间高两侧低，供两面观赏。

（3）对应式花境。在园路的两侧、草坪中央或建筑物周围设置相对应的两个花境，这两个花境呈左右二列式。在设计上统一考虑，作为一组景观，多采用拟对称的手法，以求有节奏和变化。

3．植物选材及应用

花境植物应选择在当地露地越冬，不需特殊管理的宿根花卉为主。花镜植物应有较长的花期，且花期分散在各季节。要求四季美观又能季相交替，一般栽后 3 ～ 5 年不更换。要使花境设计取得满意的效果，需要充分了解自然环境中优势植物及次要植物的分布比例和在野生状态下植物群落的盛衰关系，掌握优势植物的更替、聚合、混交的演变规律，不同土壤状况对优势植物分布的影响及植物根系在土壤不同层次中的分布和生长状况。

4．花境的艺术处理

花境在设计过程中，首先要根据花境朝向、光照条件的不同选择相应的植物花卉。同时也要充分考虑环境空间的大小，长轴虽无要求，但长轴过长会影响管理及观赏要求，最好通过植物分段布置使其具有节奏感、韵律感。

另外单面观花境还需要背景，花境背景设计依设计场所的不同而异。较理想的背景是绿色的树墙或高篱，用建筑物的墙基及各种栅栏做背景以绿色或白色为宜。为管理方便和通风，背景和花境之间最好留出一定空间，它可以防止作为背景的树和花木根系侵扰花卉。

5．种植床设计

花境的种植床是带状的。一般来说单面观赏花境的前边缘线为直线或曲线，后边缘线多采用直线；双面观赏花境的边缘线基本平行，可以是直线，也可以是曲线；对应式花境的长轴沿南北方向延伸较好。

为了方便管理和增加花境的节奏和韵律感，可以把过长的植床分为几段，每段长度不超过 20 m，段与段之间可留出 1 m ～ 3 m 的间歇地段，设置雕塑或座椅及其他园林小品。

花境的短轴长度一般为单面观宿根花境 2 m ～ 3 m，单面观混合花境 4 m ～ 5 m，双面观花境 4 m ～ 6 m。较宽的单面观花境的种植床与背景间可留出 70 m ～ 80 m 的小路，便于管理和通风。种植床依环境土壤条件及装饰要求可设计成平床或高床，有 2% ～ 4% 的坡度，以利排水。

第五章　风景园林植物造景的多元融合

第一节　园林水体与植物造景

“智者乐水，仁者乐山”，寄情山水的审美理想和艺术哲理，深深地影响着中国园林，秀美的山川湖泊，浓郁的地域乡土风情，创造了诗情画意般的中国古典园林，水成了其不可缺少的要素之一，“无水不成园”。

一、中国古典园林水体植物造景方式

宋朝的郭熙、郭思在《林泉高致·山水训》中描写：“水，活物也，其形欲深静，欲柔滑，欲汪洋，欲回环，欲肥腻，欲喷薄，欲激射，欲多泉，欲远流，欲瀑布插天，欲溅扑入地，欲渔钓怡怡，欲草木欣欣，欲挟烟云而秀媚，欲照溪谷而光辉，此水之活体也。”堪称对水体多姿绝妙的刻画，同时也刻画了水与其他元素的联系。中国古典园林是极注重园林意境与空间营造的，在植物与水的配置上非常注重画意，水边的每一棵树或每一丛花木在各个观赏方向都要恰到好处地表现该植物，该植物或是主景，或是不可缺少的前景，也可能是建筑物的背景，其姿态有风姿绰约之美。

（一）以水为镜，倒映植物与湖光山色

在中国古典园林里，极富诗意的一个举措是利用水平如镜的水面来倒映水边的景观，如亭台楼阁的翘角飞檐、假山石、树木花草等的影子在波光粼粼的水面上随风而动，颇有静中生动之美。

1. 小型水面

小型水面，常常倒映有树木的轮廓或是单株植物的姿态。在一些空间比较小的庭院里往往采用庭院中心布置水池，而在池岸上布置亭廊桥榭，形成一个空间相对封闭而景观又可外泄的庭院空间，一些姿态优美的花木在池岸边、亭廊水榭等建筑的前面或角落种植，与建筑形成丰富的立面轮廓线与平面轮廓线，参差不齐的轮廓就会倒映在水中，丰富了水面，在人的心理上放大了实际空间，给人小中见大之感。典型的例子就是苏州网师园的水面景观，池面面积 400 m^2 左右，水面上没有种植任何水生植物，四周环绕着各种形式的建筑翘角飞檐，在池边植以

柳、碧桃、玉兰、黑松、侧柏、白皮松等，疏密有致，轮廓层次丰富，视景线清晰。古木交柯的黑松的虬枝伸向水面，倒影生动，颇具画意，在驳岸上配置了云南黄素馨、紫藤、络石、薜荔、地锦等，使得驳岸显现悬崖野趣。在这样的空间里游玩，并不觉得园小，反而觉得景色丰富多变，处处有景，亲切宜人。

2．大型水面

在自然园林、公园里的湖泊边上也常常种植各种乔木、灌木与花草，在配置时，着重注意的是树形、枝干姿态，而不是花色。但并不否定色彩丰富的花木，可以使用柳树、桃、松、桂花、石榴、紫藤、云南黄素馨、蔷薇、菖蒲等乔灌草形成一个立体的倒影。如拙政园、颐和园昆明湖、杭州西湖等都采用这种倒影，为园林增添了几分趣味。

（二）用植物丰富水面

1．植物分割水面空间

空阔的水面给人视野开阔、坦荡的感觉，但看久了就会因静而寂，因寂而觉呆板。因此，人们往往会在水面上构筑岛屿、架设桥梁或种植植物，来丰富水面空间，强化景深。古典园林中，在水面上种植的往往是荷花、睡莲、荇菜等传统水生植物，而且这些植物往往不占满水面，只是占某一局部，一般形成三分植物七分水的布局，植物往往聚集种植，这样既有天光云影在水，又有香远益清的荷花水面景观。或者是将这些植物分开几丛来配置，形成一幅小舟畅游莲叶间的水乡氛围。

2．植物季相变化

在使用植物点缀水面时，往往会特别注意水面植物的季相变化，因为水面上的植物往往是我们视线的焦点，当我们不经意间看到水面上的植物，就能感受到生长变化着的景观。

（三）用植物来丰富池岸的边际线

1．规则驳岸

古典园林中，对水岸处理是别具匠心的，在有建筑的一侧，可使用整齐的条石砌筑规则的石岸，或使用假山石驳岸，在这些驳岸内，种植一些不阻挡视线的花木，如迎春、探春或云南黄素馨、薜荔等垂挂于驳岸上，或在假山石上攀爬地锦、络石等。乔木往往采用樟树、朴树、银杏、刺槐、无患子、垂柳等大型乔木，散植在驳岸的场地上，间或点缀碧桃、梅花、玉兰、海棠、松树、鸡爪槭等中型花木，并选择一些飘枝斜伸向水面，形成柔条拂水、相映成趣的画面。

2．自然驳岸

远离建筑的驳岸采用自然的山石驳岸或草岸，往往采取缓坡的方式，在岸边浅水区种植水菖蒲、芦苇、慈姑、凤眼莲等。如此，我们在环湖游玩时，感受到的是不同的驳岸与植物，不会感受到单调呆板。

（四）以水生植物为载体，构筑意境

水生植物多为轻盈灵秀，古人也多有偏爱，如周敦颐的《爱莲说》："予独爱莲之出淤泥而不染，濯清涟而不妖，中通外直，不蔓不枝，香远益清，亭亭净植，可远观而不可亵玩焉。"《洛阳名园记》的"三分水，二分竹，一分屋"，是士大夫追求雅逸的配置手法。苏州拙政园的远香堂、芙蓉榭、荷风四面亭、留听阁，怡园的藕香榭，扬州瘦西湖的莲花桥等，都以荷花为主题，构筑意境空间。在颐和园的水木自亲极目四望，山岛葱茏，湖水潋滟，鸢飞鱼跃，一派生机，令人赏心悦目；颐和园的知春亭岛上种满了杨柳、桃杏，在融融春水中，在和煦的春风里，以绽放的桃花、含绿的柳丝向人们报以春的讯息。

在古代水景园中，用来造景的植物常有荷花、紫菱、荇菜、苹花、芦苇、蓼花及藻类，同时还有衬托园林水景的岸边植物，如柳、竹、石榴、桃、槐、松、木芙蓉等。利用这些植物承载的文化语言，将中国古典园林文化与现代园林景观有机结合，使游客感受到传统文化底蕴和中国古典园林的写意风格与诗情画意。

二、各类水体的植物造景

园林里的水体形式多种多样，有水平如镜的湖泊，也有婉转欢快奔流的小溪、激荡动人的瀑布，还有勃勃生机的池塘湿地，为了表现不同的水景观氛围，在各种水体的植物配置上，其配置种类和方式多种多样，手法各异。

（一）湖

湖是园林中最常见的水体景观，一般多在自然园林、皇家园林或大型私家园林里，如杭州西湖、武汉东湖、北京颐和园昆明湖、南宁的南湖、济南大明湖、南京玄武湖、扬州瘦西湖、拙政园、广州流花湖公园等都有大小不等的湖泊。

1．反映湖光山色

湖岸边的植物一般较多，水面上的植物较少甚至没有，以保持水面的平静与洁净，如此，才能倒映岸上的亭台楼榭与树木花草。侧重于树群的树形轮廓与层次，一般多选树冠浑圆的高大树木，它们交织在一起此起彼伏，在水中形成优美的曲线。湖水映衬更能突出植物的季相景观。

杭州西湖，沿湖景点重点突出季节景观，如苏堤春晓、曲院风荷、平湖秋月等，早春时节，垂柳、悬铃木、枫香、水杉、池杉等新叶一片嫩绿，紧接着碧桃、东京樱花、日本晚樱、垂丝海棠、迎春、云南黄素馨等先后吐艳，在嫩绿的云烟中万点红色透迤在西湖沿岸，夏季，深绿色笼罩在西湖的雨雾中，秋色更是绚丽多彩，无患子、悬铃木、银杏、鸡爪槭、红枫、枫香、乌桕，三角枫、柿、油柿、重阳木、紫叶李、水杉等组成了色彩斑斓的景观。颐和园昆明

湖三四月间，湖畔桃柳报春，溶溶碧水，垂柳丝丝带给人浓浓的春意；夏天，荷花盛开，雨天时雨点像万斛明珠倾洒在翠绿的荷叶上，奏出悦耳的乐声，近处的荷花，远处的山、水、岛、堤，在雨中水天一色，浑然一体；晚秋，瑟瑟芦花带来秋的凉意；隆冬时节，冰雪垂挂在树枝，冰面洁白，又是一番风景。

2. 植物分割水面空间

湖泊面积很大时，往往要利用岛屿、桥、堤等来分割水面，使得每一部分的水域主次分明，各具特色，也可以利用一种简单的方法来分割水面，就是在水面种植荷花、芦苇等大型水生植物。荷花分割水面，是割而不断，一般在种植荷花等水生植物时，不要将湖面全部铺满荷花等植物，应该留出有七分的空白水面，以保持虚实结合的意境。

3. 选择乡土植物

湖泊边一般应该优先选择当地的乡土植物，充分利用当地本土化、乡土化的野生植物资源，这样能充分表现地域自然景观，使得地区的整体景观更协调。如北方湿地常见的有荷、香蒲、芦苇、慈姑、芡实、茭白、碧桃、山桃、丝棉木、桑树、榆树等。对乡土植物的利用是发展当地湖泊个性化景观的重要手段，尤其是在表现水乡风貌的设计时，如颐和园耕织图在乾隆时期是一组江南民居风格的建筑，并且修建在酷似江南的水网地带上，环境幽静，水禽出没于孤蒲芦苇之中，乡土植物为主，不求新求异，突出自然野趣，减少人工痕迹，成片栽植，用建筑结合环境创造出水乡野居的情调，以淡雅、明快的色调烘托江南气氛。

（二）池

池与湖相比多是指较小的水体，在自然环境或村野中的一般被称为池塘，而在园林里或广场上的称为水池。城市公园中常见的池的形式可分为规则式与自然式。根据其形式及周边环境的不同、要营造的氛围不同，池周边的植物配置也是不尽相同的。

1. 庭院

在较小的园林院落中布局一池碧水，周边安排亭台楼榭、假山、花草树木，能获得“小中见大”的效果，植物配置常突出个体姿态或利用植物分割水面空间，增加层次，同时也可创造活泼和宁静的景观。典型例子如苏州网师园，池面才 410 m^2，水面集中，池边植以柳、碧桃、玉兰、黑松、侧柏、白皮松等，疏密有致，既不挡视线，又增加了植物层次。池边一株苍劲、古拙的黑松，树冠及虬枝探向水面，倒影生动，颇具画意。在叠石驳岸上配置了云南黄素馨、紫藤、络石、薜荔、地锦等，使得高于水面的驳岸略显悬崖野趣。另有颐和园谐趣园、无锡寄畅园、苏州环秀山庄等都采用这种方式。杭州植物园百草园中的水池四周，植以高大乔木，如麻栎、水杉、枫香等。岸边的鱼腥草、蝴蝶花、石菖蒲、鸢尾、萱草等作为地被，在面积仅 168 m^2 的水面上布满树木的倒影，水面空间的意境颇显幽静。

2．广场

在广场上布局水池时，水面多有喷泉等点状的水景，为了突出该喷泉，水池多采用几何式形状，驳岸也是规整的石块砌筑，水池边植物的配置是以简洁为主，一般不种植，或是以绿篱环绕，也可是孤植 1 ～ 2 株姿态优美的植物。

3．郊野

若是在模拟乡村自然池塘景观，就要营造一个生机勃勃的池塘水生态系统。

要注意岸边、水面的植物种植，往往是春夏鲜花不断，秋季是残荷败柳，冬季则是萧条景观。

（三）泉

泉水喷吐跳跃，非常活泼，能强烈吸引人们的视线，可作为景点的主题，再配置合适的植物加以烘托、陪衬，效果更佳。以泉城著称的济南，趵突泉、珍珠泉等各名泉的水底摇曳着晶莹碧绿的各种水草，尽显泉水清澈。杭州西泠印社的“印泉”，面积仅 1 m^2，水深不过 1 m，池边叠石间隙夹以沿阶草，边上植一丛孝顺竹，一株梅花俯身探向水面，形成疏影横斜、暗香浮动、雅静幽深的景观。在大理蝴蝶泉边，是一株古树横卧，几株灌木陪衬，古树浓荫翠盖，在春末开花时，20 多种蝴蝶就会聚集在树上，上下翩翩起舞，在农历四月十五，蝴蝶会首尾相连，成串地从树上一直垂到水面，倒映在水中，犹如盛开的花朵。

在现代园林中，天然的泉已经很少见了，目前多使用的是喷泉。喷泉波动的水面不适合种植水生植物，但在喷泉周围种植深色的常绿植物会成为很好的喷泉背景，并形成更加清凉的空间范围。

（四）溪涧与峡

溪一般泛指小河；涧为谷中有水，如无锡寄畅园“八音涧”，利用水声来造景；峡多为两面峭壁或陡山夹峙立中有江河水道，出名的是长江三峡、黄河三门峡等，峡的景观往往表现为急流险滩、危崖峭壁、瀑布深潭、枯藤老树、奇峰异洞。在园林中，这 3 种水景多交织在一起，并不细分，往往是以瀑布或泉作为水源，这三者作为水身来处理，共同的特点是它们最能体现山林野趣。

但三者在细节设计上还是有所差异的，植物景观配置也稍有不同，溪涧表现的是流水淙淙，河床山石高低不同形成大小各异的水池，因此，溪涧旁边多是野花丛丛、碧草青青，在一些石块的缝隙中，也多有旺盛的绿草生长着，在岸边的石头上偶有绿苔附着，增添了几分古意与禅意。峡往往是结合假山来创造峡的意境，在两岸山上多是巨石耸立，树木浓荫盖顶，可还是会留下一线天，垂藤植物附着在石上，垂在水面，石缝中生长着蕨类或杂草。

自然界这种景观非常丰富，如北京百花山的三叉垅就是 3 条溪涧。溪涧石隙旁长着野生的华北楼斗菜、升麻、落新妇、独活，草乌以及各种禾草，溪涧上方或有东陵八仙花的花枝下垂，或有天目琼花、北京丁香。

杭州玉泉溪为一条人工开凿的弯曲小溪涧，溪长60多米，宽仅1 m左右，两旁散植樱花、玉兰、女贞、云南黄素馨、杜鹃、山茶、贴梗海棠等花木，溪边以湖石为岸，春季成为一条蜿蜒美丽的花溪。

北京颐和园中谐趣园的玉琴峡长近20 m，宽1 m左右，两岸巨石夹峙，有数株挺拔的乔木，岩石缝隙间杂生荆条、酸枣、蛇葡萄等，形成了一种朴素、自然的清凉环境，保持了自然山林的基本情调。峡口配置了紫藤、竹丛，颇有江南风光。

溪涧两岸的植物配置要根据岸边的空间氛围来营造，植物景观可疏朗开阔，也可曲折幽深。

（五）河流

河流是带状的水，比溪流水面要宽阔，从水源头激流汹涌地穿过峡谷，一路奔腾到了湖泊，河面逐渐变宽，流量变小，形成了各种河滩、三角洲等堆积地貌，同时水也逐渐注入湖泊。

在园林中，直接运用河的形式不常见。颐和园昆明湖后湖是个典型例子，在全长1 000多米的河道上，两岸种植高大乔木，两岸的峡口、石矶形成高低起伏的岸线，河道宽窄变化，曲折有致，形成一连串有收有放、具有不同特色的几个段落，在收窄的河边植上庞大的槲树，树枝伸向水面，分隔的效果尤为显著。沿岸的柳树、白蜡、油松、黄栌、元宝枫、侧柏、椴树等构成基调树，散植的榆树、刺槐、山桃、山杏点缀其间，一年里，行舟漫游，尽得山重水复、柳暗花明之趣。沿途还有江南水乡情趣的苏州街，给人宛若乘船游览苏州的错觉。

溪流与河流岸边的植物配置，一般要采用乡土树种，表现自然的地域景观。18世纪英国造园师布朗曾把200多个规则式园林改造成自然式园林，取消了直线条，代之以曲线条，把规则式的河道改成曲折有致、有收有放的自然形式的河流。两岸配置当地自然式的树丛、孤立树和花灌木。一些倒木也可不予清除，任其横向水面，颇有自然野趣。对于水位变化不大的相对静止的河流，两边植以高大的植物群落形成丰富的林冠线和季相变化；而以防汛为主的河流，则宜以固土护坡能力强的地被植物为主，如百三叶、禾本科、莎草科、蒲公英等。

三、堤、岛、桥的植物造景

堤、岛和桥是大型湖泊或河流上重要的设计元素，它们不仅是划分水面空间的主要手段，而且也是水面上重要的焦点。它们周边的植物配置，有助于丰富水面空间的层次、水面的色彩，活跃了景观氛围。

（一）堤

堤本来是筑土挡水的，长久以往就逐渐兼具了路的通行功能，在园林中不多见。杭州西湖的苏堤与白堤、颐和园的西堤、避暑山庄的“芝径云堤”这些都是著名的景点，广州流花湖公园及南宁南湖公园都有长短不同的堤。堤常与桥相连，故也是重要的游览路线之一。

1．杭州西湖

（1）春季桃红柳绿景观。以西湖苏堤为例，苏堤上的植物配置采用桃红柳绿的间配手法，形成苏堤春晓的春季景观，桃的种类很多，有山桃、桃、碧桃、紫叶桃等，而且这些桃的花期搭配也很成功，从早春三月一直能到4月末，真正实现了“桃红柳绿”的景观。在种植桃与柳的基础上，还辅以其他冠大荫浓的乔木如樟树、悬铃木、无患子等作为行道树，用以遮蔽夏日的暴晒。林下种较耐阴的二月兰、玉簪、八角金盘、红花酢浆草等，岛边配置蔷薇、云南黄素馨、石楠、桂花、山茶、十大功劳、黄杨、贴梗海棠、夹竹桃等花木，浅水中种植黄花鸢尾等，既供游客赏景，也是水禽良好的栖息地。

（2）步移景异。为了营造步移景异的效果，在苏堤的一些节点处设置交通岛，多处交通岛的植物配置都是不一样的，有应时花坛，也有永久性花坛，使得四时鲜花不断，步游苏堤时，有助于人们的心情高涨。在节点处往往设置有码头，在码头处，植物配置很简洁，多是几株冠大荫浓的乔木如樟树种植在码头的场地上，既可在树荫下等待游船，又可眺望远景，如白堤的平湖秋月处。堤又是道路，因此苏堤上有的地段也设置了分车带，步游道和车行道分开，步游道放在水边，水边种植云南黄素馨、梅花、菖蒲、鸢尾等。

（3）植物疏密有致。苏堤两旁的植物种植密度也是不同的，有疏有密，密处往往见于桥的两端，如上桥前的一段路，堤的宽度就变窄了，种植的密度很大，用以收缩视线，把桥作为夹景来组织景观；而到了桥上，凭栏远眺，雷峰塔雄伟壮观，远山逶迤迷蒙。苏堤大多数路段植物种植都是比较稀疏的，垂柳下垂的枝条形似一幅天然的取景框。

2．其他

颐和园西堤以杨、柳为主，玉带桥以浓郁的树林为背景，更衬出桥身洁白。广州流花湖公园湖堤两旁各植两排蒲葵，由于水中反射光强，蒲葵的趋光性导致朝向水面倾斜生长，极具动势。

（二）岛

岛是水中的陆地，可为山地，也可筑土为岛而外围岩石堆砌，岛的类型众多，大小各异，如半岛及湖中岛。湖中岛，人一般不入内活动，只远距离欣赏。湖中岛通常要四面皆有景可赏，以岛屿上植物群的整体轮廓、整体层次与优美的天际线为重；而岛内的植物，可按广场或庭院的植物配置方式来配置，并无特殊要求。半岛，人可入内活动，远、近均可观赏。半岛上多种植树林为游人提供活动或休息空间；临水边或透或封，种植密度不能太大，要能让观景视线穿透；植物配置时还应考虑到导游路线，不能妨碍交通。

北京北海公园琼华岛，孤悬水面东南隅。全岛植物种类丰富，环岛以柳为主，间植刺槐、侧柏、合欢、紫藤等植物。四季常青的松柏将岛上的亭、台、楼、阁掩映其间，并以其深绿的色彩烘托出岛顶白塔的洁白。杭州三潭印月岛内由东西、南北两条堤将岛划成田字形的 4 个水面空间，堤上植大叶柳、香樟、木芙蓉、紫藤、紫薇等乔灌木，疏密有致，高低错落，增加了湖岛的层次、景深和丰富的林冠线，构成了整个西湖的湖中有岛，岛中套湖的奇景。

（三）桥

园林中的桥既是园林建筑的一种，又是一种兼具通行功能的特殊道路。桥在园林中多作为景点来设计，如颐和园的玉带桥与十七拱桥等，都是湖面上的著名风景；桥也是一个良好的观景点，可站在桥上俯视湖水侧影或远眺湖岸。

对于桥周边的植物配置，主要从 3 个方面入手，就能巧妙地配置出优美的景观：首先考虑的是桥的造型，为了表现拱桥的结构美与倒影美，在桥头两侧种几株垂柳或几株小的圆球形的灌木如黄杨球等；其次，对于桥的植物配置，注重桥头和桥基部的植物配置，桥头可参照前述西湖苏堤上桥头的植物配置，桥基部可种植鸢尾、菖蒲、水葱、慈姑、小型红枫等姿态优美花色花型漂亮的植物；最后，要考虑桥与植物结合形成的立面轮廓，注意植物对桥身的遮掩，以及树木的高低起伏，疏密有致。

四、水景专类园植物造景

（一）小型水景园植物造景

小型水景园是区别于我国传统的小型庭院山水园林的，它是以丰富多彩的水生植物组成的小型水景，如面积仅几百平方米或几十平方米的池塘，也可是小型的喷泉或溪流，或是一些趣味型的盆钵水景，多应用于空间较小的环境，在国外私人住宅花园中多见。近年来随着园林业的发展、与国外交流的增加，小型水景园在国内也得到了较为广泛的应用，在公园局部景点、小区花园、街头绿地、大型宾馆的花园、屋顶花园、展览温室内都有建造。

小型水景园的设计关键在于盛水容器的设计，容器可用混凝土修建水池，也可用防水衬布如聚乙烯、聚氯乙烯、尼龙布等修建，或者用极富趣味的一些盆、碗、缸等容器来设计。无论采用何种容器，都表现的是生机勃勃、色彩丰富、高低搭配错落有致、趣味盎然的小型水生态系统，例如，在水池里有小鱼畅游，水草摇曳，挺水的菖蒲、千屈菜、花蔺等吐露花容，池水洁净可照。

（二）沼泽湿地园植物造景

沼泽湿地是指天然或人工、长久或暂时性沼泽地、泥炭地或水域地带，带有或静止或流动，或为淡水或为半咸水体者，包括低潮时不超过 6 m 的水域。沼泽湿地有丰富的野生动植物资源，既是陆地上的天然蓄水库，在蓄洪防旱、调节气候、控制土壤侵蚀、促淤造陆、降解环境污染等方面起着极其重要的作用，又是众多野生动植物，特别是珍稀水禽的繁殖和越冬地。

目前对沼泽湿地园的建设是按保护区规划建设管理的方式运行，一般规划为国家湿地公园或城市湿地公园，其目的是以湿地的自然复兴、接纳大量的动植物种类、形成新的稳定的生物群落生境为主要目的，同时为游人提供生机盎然的、多样性的游憩空间。其重点内容在于恢复湿地的自然生态系统并促进湿地的生态系统发育，提高其生物多样性水平，实现湿地景观的自然化。规划的核心任务在于提高湿地环境中土壤与水体的质量，协调水与植物的关系。

对于沼泽湿地园的植物造景方法，关键在于要营造一个动态平衡的生态系统，深水区、中水区、浅水区为各种水生、湿生植物创造了条件。荷兰、英国等国的园林中常有大型、独立的沼泽园。我国近年来也规划建设了不少湿地公园，有名的是杭州西溪国家湿地公园。

（三）水生植物园植物造景

水生植物园是用以收集各地或当地的水生植物，并以保护或研究为目的的一类专类植物园。我国西双版纳热带植物园内就辟有 15 亩的水生植物区，已收集有浮水植物睡莲家族的王莲、睡莲；挺水植物荷花、碗莲；漂浮植物如雨久花、满江红、美洲槐叶萍、紫萍、大漂、眼子菜等；沉水植物有金鱼藻；湿生植物纸莎草、畦畔莎草、水葱、长节淡竹芋、白粉塔里亚、水芋、水生马蹄、撒金泽泻、泽泻、黄花蔺等 233 种水生植物。

水生生物园占地面积一般较大，水域也广，重要的是要发挥植物园的科普教育的功能，因此，要标示水生植物的名称。

第二节　园林山石与植物造景

一、山石与植物造景

宋代画家郭熙《林泉高致・山水训》中有“山以水为血脉，以草木为毛发，以烟云为神采。故山得水而活，得草木而华，得烟云而秀媚”。中国古典园林造景深受历代山水诗、山水画、哲学思想乃至生活习俗的影响，崇尚自然，园林构图一般以山水为主，其他景物围绕山水来布局，山石是不可缺少的造园要素，在园林中起着十分重要的构景作用。植物作为表现山林景观的素材，多注重色、香、形、韵，不仅为了绿而绿，而且还力求能入画，意境上求深远、含蓄、内秀，情景交融，寓情于景。

山石的植物配置多与山的类型有关。山主要有土山、石山、土石结合类，一般大山用土，小山用石，中山土石结合并用。山石与植物造景要根据全园的整体布局、造园意图、山石的特性来进行植物配置，形成符合要求的氛围。

（一）土山植物造景设计

土山就是用土堆筑而成，一般山体较大，如果不用岩石做骨架或挡土墙的话，山体一般比较舒缓，形不成高耸峭立之感，如果用岩石做骨架或挡土墙，可模仿山体的各种地形地貌。我国假山的堆造是从秦汉开始的，《太平御览》中有“秦始皇作长池，引渭水，东西二百丈，南北二十里，筑土为蓬莱山”。到了汉代，有关人工堆山的记载渐多。多模仿自然山林泽野，无论形态、体量都追求与真山相似，规模庞大，创作方法以单纯写实为主，一切仿效真山，在尺度上也接近真山的大小。如《后汉书·梁冀传》记载梁冀“广开园囿，采土筑山，十里九坂，以像二崤（崤山，在河南境内），深林绝涧，有若自然……”从先秦到汉，假山大多是绵延数里或数十里的山冈式造型，过分追求自然，还不能概括和提炼自然山水的真意。后来经过长久的发展，逐步从写实转变到了模仿大山一角的让人联想大山整体形象的做法，追求形象真实、意境深远并且可入可游。土山在自然风景区、公园等地多见。土山表现自然的山林景观，因此，土山的植物种类丰富，色彩多变，季相变化很明显，具体的配置要求如下。

1．分层配置

土山的植物配置多采用分层混交方式，旨在构成自然山林景观，上层以高大的乔木为主，如银杏、朴树、榉树、榆树、榔榆、刺槐等，中层配置一些小乔木或灌木丛，疏朗开阔，其下层配以较低矮的灌木丛或草花之类，人坐在山顶亭中，能够俯视或平视远处的景观。如拙政园岛上的林丛，主次分明，高低层次配合恰当，樟树、朴树高居上层空间，槭树、合欢等位于中层，梅、橘等则在林丛的外缘和下层，书带草、云南黄素馨等铺地悬垂，立体组合良好，空间效果佳妙，颇有“横看成岭侧成峰，远近高低各不同”的趣味。

2．结合地形

用土堆筑的山体缓坡较多，为了表达山体的高大，在山脚以草地或稀疏的几株小乔木或灌木来护土，也可用密植的灌木种植，用于保护山坡，免于水土流失。山坡上多以乔灌草结合，而在山顶上，根据视线安排，可形成密林，也可形成疏林。在配置植物时，低山不宜栽高树，小山不宜配大木，以免喧宾夺主，植物的体量要结合土山的地形地貌来选择。

3．乡土树种

地方的地域风格主要是由乡土树种来表达。如北方，土山上植物主要有油松、圆柏、国槐、金雀儿、桑、刺槐、国槐、银杏、榆树、三角枫、元宝枫、黄栌、杏树、栾树、合欢、火炬树、小叶朴、丁香、连翘、珍珠梅、黄刺玫、榆叶梅、桃、碧桃、山桃、紫叶李、樱花等，笼罩了整个土山，彼此交错搭配更具天然群落之感。南方，乡土植物有香樟、罗汉松、银杏、马尾松、圆柏、南天竹、榔榆、白皮松、女贞、广玉兰、云南黄馨、海棠、梅花、桂花、山茶、南天竹、蜡梅、雀舌黄杨、杜鹃、乌桕、无患子等种植在一起，非常有助于表现南方景色。

使用乡土树种可有效地表现出季节更替的季相景观，绘画理论对四时山景的描述尤为精妙，宋代韩拙《山水纯全集》提出“木有四时：春英、夏荫、秋毛、冬骨”，郭熙《山水训》有“春山淡冶而如笑，夏山苍翠而如滴，秋山明净而如妆，冬山惨淡而如睡”。夏季，叶密而茂盛，千山万树繁茂蓬勃，生意盎然中绿荫如盖，炎暑中添加了几分凉意，拙政园远香堂是夏游赏荷之地，南有广玉兰叶大浓荫，东有枫杨，池面北侧有高阜乔林，西则修竹参天，浓荫匝地。秋毛者，叶疏而飘零，有明净如妆的感觉，由绿而黄，由黄而褐，由褐而棕红（枫叶、枫香、鸡爪槭、三角枫等），丰富了色彩，乌桕、银杏紧随其后显露出片片金黄，煞是好看。冬骨者，叶枯而枝槁，这是落叶树的冬态，落叶阔叶树冬季落叶后，枝干裸露，如同树木的骨架，是冬骨，小园地狭，不宜多栽常绿树，而以落叶树为基调，拙政园岛上的林丛，主次分明，春梅秋橘是主景，樟树、朴树遮阴为辅，柏树常绿是冬景。

4．要有起伏的轮廓线

凡把山林之景作为远视欣赏的，都是从稀不从密，林丛林冠线要高低起伏，参差变化，所以树种选择要有高有低、有大有小，林冠线有了层次起伏，远视时，天际线起伏变化，配合古建的飞檐翘角，整个画面极富画意。

（二）石山植物造景

石山就是用石堆叠而成，多是在园中做主景，叠山一般较小，单纯地用石堆叠的假山不多见。石山的植物配置主要有以下一些注意事项：

1．构筑画意

石质假山旁多种植观赏价值高的花木，为了显示山石峭拔，多选择枝干虬曲的花木，以与假山呼应。石山少土，怪石嶙峋，植物种植也少，选择姿态虬曲的松、朴或紫薇等。因这些树木为了接受阳光，枝条向外发展，再加适当修剪，自然斜出壁外，形成优美的形态。山石上宜采用平伸和悬垂植物，注意体形枝干与山石的纹理对比，一般不用直立高耸的植物，攀缘植物也不宜过多，要让石山优美的部分充分显露出来。

计成的《园冶》中有记“或有嘉树，稍点玲珑石块；不然，墙中嵌理壁岩，或顶植卉木垂萝，似有深境也”，造成一种似有深境的艺术效果。这种做法的代表作是北海静心斋假山，它表现了山峦、溪水、峭壁、岩岫、峡谷……，假山基部种植大乔木圆柏等，石的缝隙处野草嵌植，爬山虎爬在石壁上，景色丰富、真实，似有千丘万壑。苏州环秀山庄的湖石大假山，以玲珑剔透、清奇古怪为特征，沟壑、溪涧、洞穴、悬崖景观无所不具，在主峰处不栽植高大乔木，只植些爬山虎从高处垂下，而在山腰有松斜伸出来，在主峰后，种植高大乔木朴树、桂花、槭树等，朴树树冠高大，营造了层峦叠嶂的景色，桂花槭树通过叶色的对比，与朴树等落叶树木有助于形成季相明显的咫尺山林景观，使我国假山艺术达到了新的高峰。

2．前景与背景

石质假山重点表现的是假山的形态，因此，在假山前景与背景方面，极其要注意烘托假山，假山前，多以低矮的灌木如山茶、蜡梅、杜鹃、黄杨、沿阶草等，背景则是大乔木如樟树、朴树、银杏、榉树、榔榆、桂花等形成的浓荫，通过色彩对比、林冠线的起伏突出石质假山。扬州片石山房的假山则是“一峰突起，连冈断堑，变幻顷刻，似续不续”“峰与皴合，皴自峰生”，而在假山腰部与顶部的穴中植入小松、垂藤等，植物与山石交错在一起，营造出了一片绿意。

（三）土石结合的山体植物造景

园林中的山多是土石结合的，有以土为主的，也有以石为主的。土石相间叠山的栽植应结合地形和山石恰当配置，如采用自然栽植法、悬崖栽植法、竖向插入法、侧向种植法、缝隙栽植法、攀爬培植法等。

1．土多石少山

真正的土山在园林中并不多见，多是以土山带石的假山形式出现，如北宋徽宗时期的艮岳以及现存的北海琼岛假山，拙政园中假山等，皆是以土带石形成的，土山带石易形成规模庞大、地形地貌复杂多变、层峦叠嶂、松桧隆郁、秀若天成的山林景观。土山带石是在土山写实的基础上，逐步走向写意的假山形式，计成掇山主张要有深远如画的意境，余情不尽的丘壑，倡导土山带石的造山手法，追求“有真为假，作假成真”的艺术效果。李渔也赞成计成倡导的土山带石的造山手法，他认为用石过多会违背天然山脉构成的规律，使假山造型过于做作，他擅长土山带石法，使树与石浑然一色，达到了混假山于真山之中的效果。

土多石少山，也叫土山带石，就是山体用土堆筑，石头散落于土壤表面，或者是在局部以石堆叠形成悬崖峭壁景观，石头基部一般要深埋在土中，似有石从土中生的感觉，石头置于山体的位置有山脚、山坡、山顶等，配置植物也多根据石的位置来进行。

（1）山脚。如果山的自然安息角比较大，土容易崩塌，所以在地势较陡的地方，岩石就以天然露头的形式形成挡土墙或简单的护坡。在挡土墙内植物可是稀疏的乔木，也可是低矮的灌木，或是两者结合，在岩石外围，可种植灌丛或宿根花卉等，与山石参差交错，相互烘托。

在一些土坡草地的边缘可有意地植入几块散石，周围不种植大的乔木，多是小型乔木或灌木等，用以陪衬草地的开阔，或形成路边的一个小型植物景观。

（2）山坡。在中国古典园林中，山坡上的岩石放置多与山道结合在一起，用岩石形成蹬道，在蹬道旁散置一些中型石块，或者是用石块堆叠形成蜿蜒曲折的上山路。如拙政园的雪香云蔚亭所在的山体的蹬道，为了表现山林氛围，周围种植有梅花、橘树、竹子等小型乔木，而岩石表面攀爬有薜荔、络石等垂藤植物。

在现代园林中，土山的山坡上多放置一些岩石，形成散置的石组，周围的植物多是以山坡靠近顶部的丛林为背景，以草地为底，重点表现石组，也可在石组周围点缀 2 ～ 3 株乔木或灌木，用以突出石组，或以一些爬藤植物攀附在岩石表面，但不能让过高的植物遮蔽山石。

（3）山顶。中国古典园林中，山顶多有亭或轩，因此，在这些建筑的周围放置有散生的岩石，或者建筑的基础就是以岩石堆叠而成。植物与岩石的搭配没有特殊的要求，形成山林景观即可。

2. *石多土少山*

石多土少山，就是山体是用石堆叠而成，山的骨架是石头，岩石多是在山的四周堆筑，土多是在岩石缝隙中存在。对于这种山的植物配置，一般要考虑以下因素：石多土少山为了表现石的特点，植物尽量不要遮挡岩石，因此植物种植得比较稀疏，在山坡上多是小乔木或灌木、爬藤等；或者是岩石堆叠成悬崖峭壁，不形成山坡，如苏州环秀山庄大假山，岩石悬崖上种植些爬山虎、黑松斜伸出悬崖，山顶种植大树朴树，用大树的树冠压顶，形成咫尺山林的氛围。但是山顶的树木不能种植得太多，只能稀疏地种植，配合亭等建筑，形成一个既幽深又开朗的空间。在耦园中，黄石假山堆叠雄奇，错落有致地显现了石骨嶙峋之壮健气势，所有树木均配置在山腰石隙之中，榉、榆、柏等大乔木或缘石隙山腰而生，或参差盘根镶嵌在石缝之中，如同山林中自生的一般。在榆、柏等大乔木的间隙处，疏植桂花、山茶等花木，以丰富景观，又用薜荔、常春藤等蔓性植物攀缘在石壁、树干上，掩饰斧凿痕迹成为层峦叠翠的山林景象，狮子林山巅的白皮松，因有峰石点植其旁不露根系，故虽在山顶却如山腰，自然野逸。

（四）孤赏石植物造景

孤赏石又称特置石、立峰，特置山石大多由单块山石布置成独立性的石景，常在环境中作局部主题。特置石在盛唐以后出现，经历了宋元明清的发展，形成了独特的艺术效果，是中国园林走向壶中天地的写意山水的常见做法。禅宗在中国的兴起影响了中国士大夫的心理，促使他们心里追求宁静、和谐、清幽、恬淡与超脱的审美情趣，以直觉观感、沉思思想为创作的构思，以自然简练、含蓄为表现手法。白居易的“聚拳石为山，围斗水为池”，李渔的“一卷代山，一勺代水”，这些艺术手法促使石体现了抽象的意境，石的色彩、结构、线条与广泛驰骋的形象联想凝聚在一起。孤赏石常在园林中作入口的障景或对景，或置于视线集中的廊间、天井中间、漏窗后面、水边、路口或园路转折的地方。此外，还可与壁山、花台、草坪、广场、水池、花架、景门、岛屿、驳岸等结合起来使用。

孤赏石常常在空间中成为焦点，多是为了表现石的形态美，或是为了表现石与植物交错共生的整体美，而不是为了单纯表现植物，因此，对孤赏石的植物配置，要根据石的种类、形态、大小、摆放位置、景观要求等来选择与配置植物。

1．表现孤赏石

重点突出孤赏石时，植物要起到陪衬配合的作用。一般在大型的孤赏石周围不种植大型乔木，多在石旁配置一二株小乔木，或栽植多种低矮的灌木及草本植物如沿阶草、马蔺、红花酢浆草、鸢尾、芍药、牡丹、石榴、红枫、紫薇、桂花、竹子、山茶等。通过植物的形态、大小、色彩等与孤赏石对比，表现孤赏石的魅力。例如苏州留园东花园的冠云峰以及上海豫园玉华堂前的玉玲珑，都是自然式园林中局部环境的主景，具有压倒群芳之势。

2．表现石与植物的结合之美

有些时候，孤赏石身上局部有瑕疵，需要遮挡，可搭配种植金银花、地锦、薜荔、络石、凌霄、爬藤蔷薇、紫藤等藤本植物，也可在石前种植一些小型乔木或灌木，借助树木遮挡，让石体美观的部分呈现出来。也要选择姿态优美、叶型漂亮或叶色突出等有明显特点的树种来配置，如松树、石榴、红枫、竹子、八角金盘、山茶、南天竹等，使得植物与山石呈现出起伏交错的立面轮廓线。

二、岩石园植物造景

中国传统园林中常以山石本身的形体、质地、色彩及其意境作为欣赏的主要对象，植物在其中作为点缀，这与起源于西方的岩石园是不相同的。我国的岩石园有其历史渊源，也达到了很高的艺术境界。但在如今普遍强调园林生态效益的前提下，如何借鉴西方岩石园中以植物和山石为共同主体，以植物景观为展示的主要内容，利用我国丰富多彩的旱生植物、岩生植物、沼泽及水生植物，结合我国优秀的山石布置艺术和技术，创造出具有中国特色和时代特色的岩石园，是很有意义的。

（一）岩石园的发展史及应用概况

1．定义

岩石园是起源于欧洲的一种园林形式，它以岩石及岩生植物为主，结合当地地形选择适当的沼生、水生植物，经过合理的构筑与配置，模拟高山、山地植物群落、岩崖、碎石陡坡、峰峦溪流及高山草甸等各种岩石景观和岩生植物群落景观的一种专类园。此外利用花园中的挡土墙或特别构筑墙体，在缝隙中种植岩生花卉，甚至在置于庭院一角的容器中种植高山花卉，一些高山植物展览室中展示高山花卉的形式也归于此类。岩石园在欧美各国常以专类园的形式出现。

2．起源

岩石园最早兴起于18世纪的欧洲，发展的动力主要有两个：第一，一些植物学家和园艺学家为引种阿尔卑斯山上部丰富多彩的高山植物使其再现于园林之中，在植物园中开辟和修筑了高山岩石植物园，成为现代岩石园的前身。第二，在文艺复兴的思想潮流影响下，人们开始崇尚自然之美，高山植物鲜艳的花色、顽强的生命力、鲜明的季节更替，以及粗放、棱角分明的石块，呈现出别具一格、自然朴素的视觉效果，强烈地吸引着人们呼吸自由的空气。岩石园一兴起，就在富裕的阶层中流传开来，体现着一种高贵生活的趣味，这促使那些热爱园艺的人们广泛兴造岩石园。

3．中国现代岩石园的发展方向

随着时代的进步和发展，现代岩石园的内容和形式也在不断地发生变化。现代岩石园的植物品种越来越多，一大批各种低矮、匍匐生长，具有高山植物体形特点的栽培变种（灌木、宿根花卉、球根花卉）越来越多；现代岩石园的出现形态开始多元化，既延续着植物园内具有科学研究性、观赏价值性的高山植物区，又有公园一角因造景需要由大量仿高山植物组成的景区，也有街道绿地中的岩石园小景，还有私人花园中简单的花草岩石小景。

中国的现代岩石园应该在总结西方岩石园传统形式精华的基础上与我国的园林造景理论相融合，创造新的时代形式、风格。中国常用“咫尺山林”来形容人们从山石园林中获得的犹如置身于深山茂林之中的意境，这就需要我们做出探索，发展出具备中国不同地方风格特点的岩石园，主要是从植物与岩石选材，以及设计形式等方面入手，使得每座岩石园都有自己的特色。这个工作是一个具有探索与挑战的工作，如何突破中国山水园的风格成为关键。

（二）岩石园植物景观设计

1．岩石园规划风格

岩石园在发展中形成了多种类型。作为园林的外貌形式出现，其风格有自然式和规则式；作为具体栽植方式有山地式、墙园式及容器式；另外结合温室植物展览，还专辟有高山植物展览室。在这些形式中，处处表现师法自然、高于自然，提炼和模拟自然界的高山岩生植物景观和群落结构的理念。

（1）自然式岩石园。自然式岩石园以展示高山的地形及植物景观为主，模拟自然山地、峡谷、溪流、碎石坡、干涸的河床、山径等自然山水地貌和植物群落。一般面积较大，可达 1 hm^2，植物种类丰富。园址多选择在向阳、开阔、空气疏通之处，不宜在墙下或林下。园中的小径呈现弯曲多变的自然路线，小径上铺设平坦的石块或碎石片，边缘和缝隙间种植花卉，小径伸向每一处景点，既可远观，又可近赏，更具自然野趣。种植床的位置、大小、朝向及高低要结合地形变化，种植床边缘用山石镶嵌。种植床要力求自然，床内也可散置山石或碎石。

（2）规则式岩石园。规则式岩石园指结合建筑角隅、街道两旁及土山的一面做成一层或多层的台地，在规则式的种植床上种植高山植物。从整体上看，其外形呈山丘一样，适合四面观赏。这种岩石园一般面积规模较小，景观和地形简单，以欣赏植物为主，多选择色彩艳丽的岩生植物进行规则式栽植。

（3）墙园式岩石园。墙园式岩石园是利用各种护土的石墙及分隔空间的墙面岩石缝隙种植各种岩生植物，一般和岩石园相结合或可在园林中单独出现，形式灵活。墙园依据墙体高度的不同，可有高墙和矮墙两种，高墙要做 40 cm 深的基础，矮墙可在地面直接叠起。在设计时，墙面不能垂直，要向护土方向倾斜；石块插入土壤固定时也要由外向内稍朝下倾斜，以免水、土流失，也便于承接雨水，使岩石缝里保持足够的水分供植物生长；石块之间的缝隙不宜过大，并用肥土填实；垂直方向的岩石缝隙要错开，以免土地冲刷及墙面不牢固。

（4）容器式微型岩石园。容器式微型岩石园多采用石槽及各种废弃的水槽、石碗、陶瓷器等各种容器，用各种砾石与岩生植物相配种于容器中，常为庭院中的趣味式栽植。这种形式可出现在公园中的角落、道路边、街道绿地中或者私人庭院中。种植的容器多种多样，但多是使用些质感比较厚实的石质容器、粗陶容器等。种植前，一定要在容器底部凿出排水孔，植物选择要注意根系与体量，使之适合在容器中栽植，这种形式小巧别致，可以移动布置，便于各种节日等临时性布置景观。

（5）高山植物展览室。高山植物展览室是结合温室专类植物展览的形式建造的，设计建造的方法同露天自然式岩石园相似，这种形式多出现在气候炎热的地方，一般公园中比较少见，多是植物园中出现。

2．*岩石园植物的选择*

岩生植物多为喜旱或耐旱、耐瘠薄、植株低矮、叶密集、生长缓慢、生活期长、抗性强、管理粗放的多年生植物，能长期保持低矮而优美的姿态，适宜在岩石缝隙中生长。从目前已建岩石园岩生植物的选择来看，主要是从宿根草花或亚灌木中进行选择，原则包括以下 3 个方面：

①植株矮小，结构紧密：一般以直立不超过 45 cm 为宜，且以垫状、丛生状或蔓生型草本或矮灌木为主。对应乔木也应考虑具有矮小、生长缓慢的特点。一般来讲，木本植物的选择主要取决于高度；多年生花卉应尽量选用小球茎和小型宿根花卉；低矮的一年生草本花卉常用作临时性材料，是填充被遗漏的石隙最理想的材料。日常养护中要控制生长茁壮的种类。

②适应性强：特别是具有较强的抗旱、耐瘠薄能力，生长健壮。

③具有一定的观赏特性：要求株美、花艳、叶秀，花朵大或小而繁密，适宜于与岩石搭配。

3．常见岩石园植物种类

世界上已应用的岩石植物有 2 000 ～ 3 000 种，主要包括以下种类。

（1）苔藓植物。苔藓植物大多为阴生、湿生植物，其中很多种类能附生于岩石表面，不仅具有点缀作用，还能含蓄水分和养分，使岩石富有古意与生机。

（2）蕨类植物。很多蕨类植物种类常与岩石伴生，是一类别具风姿的观叶植物，如石松、卷柏、铁线蕨、石韦、岩姜和抱石莲、凤尾蕨等。

（3）裸子植物。裸子植物中的松柏类树木均适合布置岩石园，可作岩石园外围背景布置，矮生松柏植物如铺地柏和铺地龙柏等无直立主干，枝匍匐平卧岩石上生长，一些垂直性强的树种如圆柏、柳杉、雪松、云杉、冷杉、铁杉等都可培育成各种形式。该类植物可体现地域风格。

（4）被子植物。被子植物多选一些花色鲜艳、耐瘠薄、低矮的种类，如石蒜科、百合科、鸢尾科、天南星科、酢浆草科、凤仙花科、秋海棠科、野牡丹科、马兜铃科的细辛属、兰科、虎耳草科、堇菜科、石竹科、花葱科、桔梗科、十字花科的屈曲花属、菊科的部分属、龙胆科的龙胆属、报春花科的报春花属、毛茛科、景天科、苦苣苔科、小檗科、黄杨科、忍冬科的六道木属和荚莲属、杜鹃花科、紫金牛科的紫金牛属、金丝桃科的金丝桃属、蔷薇科的栒子属、火棘属、蔷薇属和绣线菊属等，都有很多种类具有很高的观赏价值。在具体选择的时候，一般选择当地具有野生种的种类，容易管理，也可引进一些外地品种。配置在一起的植物花期要有交替，花色要有对比，形成一个季相丰富多变的自然景色。

一般在较大岩石之侧，可植矮生松柏类植物、常绿灌木或其他观赏灌木，如紫杉、粗榧、云片柏、黄杨、瑞香、十大功劳、常绿杜鹃、夹竹桃、六道木、箬竹、南天竹等。在石的缝隙与洞穴处可植石韦、书带蕨、铁线蕨、虎耳草、景天等。在阴湿面可植苔藓、卷柏、苦苣苔、岩珠、斑叶兰等；阳面可植石吊兰、垂盆草、红景天、远志等。在较大石隙间可种植匐地与藤本植物，如铺地柏、平枝栒子、络石、常春藤、薜荔、海金沙、石松等，使其攀附于石上。在较小石块间隙的阳面可植白及、石蒜、桔梗、沙参、淫羊藿、酢浆草、水仙、各种石竹等；阴面可植荷包牡丹、玉簪、玉竹、八角莲、铃兰、兰草、蕨类植物等。在高处冷凉小石隙间可植龙胆、报春花、细辛、重楼、秋海棠等。在低湿溪涧边可种植半边莲、通泉草、唐松草、落新妇、石菖蒲、湿生鸢尾等。

4．岩石的选择

（1）岩石种类。岩石要多孔透气，能为植物根系提供凉爽的环境，石隙还要有储水的能力，并能吸收湿气。坚硬不透气的花岗岩是不适合的，大量使用表面光滑、闪光的碎石也不适合，应选择表面起皱、美丽、原始、自然的石料。目前岩石园中运用广泛的岩石有：

①石灰岩：含钙化合物，外形美观，长期沉于水底的石灰岩在水流的冲刷下形成多孔且质地较轻、容易分割，是最适合的一类。

②砾岩：造价便宜，含铁高，有利于植物生长，但岩石外形有棱角或圆胖不雅，没有自然层次，所以较难建造及施工。

③砂岩：颜色斑驳，内部构造孔隙率大，拥有良好的吸水、保水性，是理想的岩石园石材。

④凝灰岩：主要成分是火山灰，质地疏松多孔，保水透气，富含磷、钾元素，可加强植株抵抗疾病和抗霜冻的能力，适合用于岩石园。

（2）岩石设计。石块要有大有小是同一类型，石色、石纹、质感、形体等要有统一感。暴露在土壤表面的石块摆放要有疏有密，力求自然。岩石露出土面的部分一定要向栽种植物的一面倾斜，而不能与坡地同一个方向，这样，雨水会顺着石块表面流向植物，否则就会沿着土坡将水流失了。每块石料放入土中的部分是整个石块的 1/3 ～ 1/2，只能横卧不能直插，基部及四周要与土壤紧密结合。石与石之间要留有放置土壤的空间。

5．土壤的选择

岩石园中对土壤的质地要求较高：既能排水又能保水，矿质成分多、肥沃、酸碱度适宜。如对喜酸性植物宜选用泥炭土或腐殖土，在石灰岩为主的岩石园中，因为含钙多，要考虑填入较多的苔藓、泥炭、腐叶土等混合土，以减低 pH 值，适宜酸性土植物的要求。对喜碱性植物宜选用石灰岩、风化土，要在土壤中适量加入骨粉、石灰及粗沙砾等。总之，土壤要根据所要栽培的植物，提供最好的生长条件。

第三节　园林建筑与植物造景

园林建筑是独特的园林要素，是供人们游憩或观赏的建筑物。它强调人与生活的关系，是平易的、接近日常生活的内部空间组合，以庭院为单位构成组群建筑，既是景观的一部分，也是观景的视点和场所。建筑与植物的搭配是人工美与自然美的代表性的结合，植物所能赋予的视觉感官上的丰富色彩、柔和多变的线条、优美各异的姿态，都能为建筑增添颇具变化的美感与韵味。这种动态的构图使得建筑与周围环境更为和谐。随着城市建筑密度的不断增加，人民生活水平的提高及旅游事业的发展，对园林环境的要求也越来越高。因此，除了搞好公园中园林植物与园林建筑的配置外，提高宾馆、办公大楼、超级市场、机场、车站、民居等处的绿化水平，用多变的建筑空间留出庭院、天井、走廊、屋顶花园、底层花园、层间花园等进行美化，甚至将自然美引入卧室、书房、客厅等居住环境，已是日前面临解决的课题。

一、植物造景对园林建筑的作用

《园冶》云：“花间隐榭，水际安亭。”“围墙隐约于萝间，架屋蜿蜒于木末。”园林建筑掩映于高低错落的树丛中，使人产生欲观全貌而后快的心情。园林建筑要与园林植物搭配起来，并且搭配适宜，才可以发挥其景观的最大影响力。植物造景对园林建筑的作用主要体现在以下几点：

①突出主题：园林中有许多风景是以植物命题以建筑为标志的，如杭州西湖十景之中的柳浪闻莺、曲苑风荷、花港观鱼。

②协调建筑与周围的环境：植物的枝条呈现一种自然的曲线，可以软化建筑物的突出轮廓和生硬的线条，同时使建筑与周边环境进行更好地衔接，形成一种过渡。

③丰富建筑的艺术构图：一方面是线条与形状的协调与均衡，建筑物的线条一般多笔直，而植物枝干多弯曲，植物配置得当可使建筑物旁的景色取得一种动态均衡的效果；另一方面是色彩的调和，树叶的绿色是调和建筑物各种色彩的中间色。在庭院中植物植于廊旁曲折处，可打破空间单调之感，虚中有实，实中有虚，有步移景异之妙。广州双溪宾馆走廊中配置的龟背竹，犹如一幅饱蘸浓墨泼洒出的画面，不仅增添走廊中活泼气氛，并使浅色的建筑色彩与浓绿的植物色彩及其线条形成了强烈的对比。

④赋予建筑物以时间与空间的季相感：建筑物是固定不变的实体，植物的四季变化与生长发育可使景观更丰富，而使建筑也产生变化的感觉，从而更好地赋予了建筑生命力和时空的流动变化之感。

另外，植物的枝干也可以用来框借远处的建筑，甚至山峦，以植物为景，颐和园昆明湖旁数株老桧以远处的佛香阁、玉泉塔为框景就是一例。有时园林建筑本身并不起眼，但配置植物后，常能使其与周围自然环境融为一体，弥盖纰漏，成为一处完整的景观。

二、不同风格的建筑对植物造景的要求

我国造园历史悠久，各类园林众多，由于园林所属性质不同以及园林功能和地理位置的差异，导致园林建筑风格各异，空间细分形式和色彩不同，故对植物配置的要求也有所不同。在古典园林中，建筑居于次要地位，表现出自然化的特点，但在局部上，它往往又成为构图中心；现代园林中的建筑是全园的有机组成部分，力求自然美与人工美的统一，建筑材料多样化，建筑形式多样，风格迥异。在建筑色彩上，古典园林多以暖色调为主，而现代园林则依据用地功能的不同，设置形式多样的颜色以满足人们的需求。在园林中植物种类的选择应与建筑风格相协调，植物的形态、色彩都要仔细考虑。

（一）北方园林建筑对植物造景的要求

北方园林以建筑的浓墨重彩弥补植物色彩的不足，多用高大、苍劲的松柏科树种为基调，酌量用些槐、榆，这些树种耐旱、耐寒，叶色浓绿，树姿雄伟，并配置白玉兰、海棠、牡丹、芍药、石榴、迎春、蜡梅、柳树等。总的来说是大量选用华北的乡土树种，并配置成针阔叶混交的人工群落，植于楼北庇荫处。作为下木者有蒙椴、栾树、君迁子、白蜡、山楂、黄栌、五角枫、桧柏、珍珠梅、金银木、天目琼花、欧洲琼花、木本绣球、丁香属、绣线菊屑、香荚莲、太平花、溲疏属、枸杞、六道木属、小蜡、棣棠、胡枝子、白玉棠、金银花、地锦等。草本有垂盆草、二月兰、紫花地丁、麦冬、萱草、玉簪、芍药、铃兰等。

还可引种广玉兰、冬树、枸骨、石楠、蚊母、海桐、云南黄素馨等乔灌木及阔叶麦冬、沿阶草、富贵草、中华常春藤等常绿地被。乔、灌、草的比例及色块地被的应用甚为重要，可大量繁殖花灌木种类，如丰花月季中黄色、白色、深红色的栽培品种，大花及小花溲疏、绣线菊类、猬实、糯米条、木本绣球、天目琼花、欧洲荚速、香荚莲、太平花、海州常山、毛樱桃、丁香属、金缕梅、醉鱼草、贴梗海棠、麦李、郁李、棣棠、迎春等种类，加之当前常用的珍珠梅、榆叶梅、连翘、金银木等。增加地被植物种类，大力发展缀花草地，可引种的种类有鸢尾类、石蒜类、百合属、水仙类，白头翁、秃疮花、毛地黄、米口袋、金莲花、石竹、侧金盏、荷包牡丹、芍药、玉簪、楼斗菜、红旱莲、落新妇、草莓、三叶草、孔雀草、百里香、一月兰、紫花地丁、垂盆草、地被菊等。为了提高单位绿地面积的生态环境效益，进一步扩大垂直绿化面积及增加群落设计，最有效的办法是充分利用墙面乃至屋顶，并在平地上结合周围环境设计栽培多层次结构的群落，大大增加单位面积的叶面积。垂直绿化可用地锦、五叶地锦、金银花、美国凌霄、三叶木通、葡萄、蛇葡萄、乌头叶蛇葡萄、短尾铁线莲、山荞麦、猕猴桃、深山木天蓼、紫藤、蝙蝠葛、葛藤、木香、十姐妹、南蛇藤、五味子、花旗藤及胶东卫矛等。

（二）南方园林建筑对植物造景的要求

南方园林建筑色彩淡雅，植物配置多根据意境要求进行布置，种类多，常采用小中见大的手法，通过“咫尺山林”再现自然景观。配置上常采用桂花、海棠、玉兰、丁香、茶花、紫薇等花木，或间植梧桐与槐、榆等。南方园林常呈现以常绿阔叶树种为主，常绿与落叶阔叶树种混交的基本外貌，可利用樟科、山毛榉科、冬青科、金缕梅科、山茶科、槭树科、木兰科、杜鹃花科、豆科、灰木科、小檗科等观赏树种来造景。大量开发利用乡土的植物资源，如枫香、香樟、银杏、白玉兰、紫玉兰、朱砂玉兰、凸头木兰、广玉兰、含笑、红茴香，还引入了不少鹅掌楸、厚朴、莫氏含笑、木莲等观赏价值很高的种类。山茶科中除山茶被大量应用外，还栽种了很多浙江红花油茶、油茶、厚皮香，引入了少量杨桐、梨茶、尾尖山茶、紫堇属和柃属种类。

另外常运用毛白杜鹃、锦绣杜鹃、杂种杜鹃、映山红、满山红、马银花、鹿角杜鹃、云锦杜鹃、石岩杜鹃以及马醉木、米饭花、小果南烛等其他杜鹃花种植物。众多的杜鹃花配置在林下、林缘、路旁、水际、石隙，以其艳丽鲜亮的色彩装点春色。蔷薇科中各种海棠、碧桃、樱花、月季、棣棠、绣线菊等使春色更加艳丽。小檗科中南天竹、十大功劳、小檗等观果种类也大量用作下木配置。灰木科很多野生树种都是良好的观赏树种，如白檀、川山矾，尤其是留春树早春三月一树白花，常绿的树冠圆正端庄。以植物结合地形起伏分隔空间，并应用大片草坪及地被植物如与土地环境相适应、花色鲜艳又常绿的葱兰、韭兰、鸢尾等地被植物，成片群植或小丛栽种，组成花径或花境，种植半耐阴的紫酢浆草，春、秋二季花叶并茂，艳丽多彩。

乡土地被植物最能体现本地区植被特色，可保持较长时期的相对稳定，具事半功倍之效。但就地取材中，必须注意适当挖取，挖大留小，保护种源。为进一步美化地面，今后还可发展观花地被植物，尤其是多年生宿根地被植物，如落新妇、白及、秋牡丹、大金鸡菊、金鸡菊、楼斗菜、桔梗类、石蒜类、水仙类、雪滴花、雪钟花、绵枣儿类、紫苑类，还可增添自插繁衍能力强的洋甘菊、蛇目菊等，以及观叶的万年青、石菖蒲、大吴风草、爬行卫矛和蕨类植物等。

南方园林最值得称道的是在植物造景中艺术性运用非常高超，景点立意、命题恰当、意境深远，季相色彩丰富，植物景观饱满，轮廓线变化有致。常通过植物配置为建筑增加内涵。如苏堤和白堤突出春景：苏堤为反映“苏堤春晓”“六桥烟柳”的意境，主要栽种垂柳和碧桃，并增添日本晚樱、海棠、迎春、溲疏等开花乔灌木，配以艳丽的花卉及碧草；白堤为体现“树树桃花间柳花”的桃柳主景，以碧桃、垂柳沿岸相间栽植；孤山放鹤亭，伴随着优美动人的“梅妻鹤子”传说，成片栽植梅花，体现香雪海的冬景。由于夏日梅花叶片易卷曲、凋落，故可配置些蜡梅、迎春、美人蕉等植物予以补偿。曲院风荷为突出整体建筑与植物的意境美，充分利用水面，并在“荷”字上做文章。为体现“接天莲叶无穷碧，映日荷花别样红”的意境，选择了荷花（水芙蓉）、木芙蓉、睡莲及荷花玉兰（广玉兰）作为主景植物，并配置紫薇、鸢尾等，使夏景的色彩不间断。

（三）岭南园林建筑对植物造景的要求

岭南园林建筑轻巧、通透，色彩淡雅宜人，自成流派，具有浓郁的地方风格，多用翠竹、芭蕉、棕榈科植物，配以水、石组成南国风光。岭南园林多以阔叶常绿林景观为主，并创造一些雨林景观，更充分地体现出热带风光，可配置成具有垂直层次、热带景观的人工群落。

主要采用的木本耐阴植物有竹柏、长叶竹柏、罗汉松，香榧、三尖杉、红茴香、米兰、九里香、红背桂、鹰爪花、山茶、油茶、大叶茶、桂花、含笑、夜合、海桐、南天竹、十大功劳属、小檗属、草绣球、毛茉莉、冬红、八角金盘、栀子花、水栀子、虎刺、云南黄素馨、桃叶珊瑚、枸骨、紫珠、马银花、紫金牛、罗伞树、百两金、杜茎山、六月雪、坚荚树、朱蕉、浓红朱蕉、金粟兰、忍冬属、棕竹、丛生鱼尾葵、散尾葵、燕尾棕、棕榈、三药槟榔、软叶刺葵、木兰及胡枝子等。

另外还可利用茎花植物及具有板状根的植物、榕树等来制造景观效果，如番木瓜、杨桃、水冬哥、树菠萝、大果榕、木棉、高山榕、落羽松（植在水边也可出现板根状现象及奇特的膝根）等。热带特有的附生植物景观也可运用其中，如蜈蚣藤、石蒲藤、岩姜、巢蕨、气生兰、凤梨科一些植物、麒麟尾等。还可大量应用花大、色艳、具有香味及彩叶的木本植物种类，如凤凰木、木棉、洋金凤花、红花羊蹄甲、山茶、红花油茶、广玉兰、紫玉兰、厚朴、莫氏含笑、石榴、杜鹃类、扶桑、黄槿、悬铃花、拱手花篮、吊灯花、红千层、蒲桃、黄花夹竹桃、栀子花、黄蝉、软枝黄蝉、夹竹桃、鸡蛋花、凌霄、西番莲、紫藤、禾雀花、常春油麻藤、香花鸡血藤、三角梅、炮仗花、含笑、夜合、白兰、鹰爪花、大叶米兰、红桑、金边桑、洒金榕、红背桂及浓红朱蕉等，按其习性及观赏特性分别可作为花篱、彩叶篱、行道树、树丛及孤立树等。

重点运用棕榈科、竹类、木质大藤本及蕨类植物来营造浓厚的南国风光，棕榈科中的大王椰子、枣椰子、长叶刺葵、假槟榔都可作为姿态优美的孤立园景树，有些可片植成林，如椰子林、大王椰子林、油棕林、桄榔林；有些可作行道树，如蒲葵、鱼尾葵、皇后葵，大王椰子等；一些灌木，如散尾葵、棕竹、棕榈、软叶刺葵、香桃榔、燕尾棕、华羽棕、单穗鱼尾葵等都可作耐阴下木进行配置。丛生竹可片植成竹林，或丛植于湖边。园林中竹林夹道组成通幽的竹径，加深景深。竹与通透、淡雅、轻巧的南国园林建筑配置，也极相宜。植物通过与水、石、建筑等配置成景观小品以丰富园景。

三、建筑外环境植物造景

（一）建筑外环境

建筑既是一个实体概念，又是一个空间概念。建筑实体有墙、屋顶、门、阶、窗等构件；从空间角度说，又分为内部空间和外部空间。一座建筑，既存在提供场所的实用功能，又以其自身艺术构造及其与周围自然巧夺天工般的融合成就其成为一个精神文化载体、社会文明发展的象征。一处完美的景观应是建筑与周围自然环境相互合理映衬、协调展现，植物自然素材的合理点缀和装饰会增加建筑艺术的表现力。现代园林，虽强调植物造景，园林意境表达以植物为主，建筑为辅，但常常在现实情况中受到空间的限制，因而以建筑为主，植物为辅的配置造景方式仍占主导地位，特别是在城市行政商业区、居住区建筑等地。

建筑外环境泛指由实体构件围合的室内空间之外的一切活动领域，如建筑附近的庭院、街道、广场、游园、绿地、露天场地、河岸等可供人们日常活动的空间。同时也包括单一建筑实体部分以及单一建筑面积内的微小空间，如建筑的墙体、窗台、台阶以及建筑的墙基、转角的敞廊等建筑实体周围的局域空间及中庭、内天井、屋顶花园、露台等非封闭性围合。这些由建筑物所控制的周围范围就构成了建筑的外环境。建筑环境是整个城市景观环境中的基本组成部分，也是重要组成部分，决定了景观环境的最终效果，建筑外环境的绿化包括建筑自身的装饰及建筑外部空间的绿化。建筑外环境绿化本身有一定的功能并表达某种空间意义，为人们一定的行为目的而服务，受建筑的影响较小，具有独立的空间意义。建筑外环境处理的好坏程度直接关乎建筑整体的表达，直接影响到与周边环境的融洽程度。它是人工形式的建筑与自然形式的植物的交界处，是建筑与自然融合的边界过渡带。所以，建筑外环境的绿化有着特殊意义和作用，需选择适当的处理方式才能更好地承担这份重要性。

（二）建筑外环境的类型和特点

从空间上讲，建筑外环境分为两种类型：一种是建筑实体外部界面，如建筑的屋顶、外墙窗台、台阶等，一种是建筑周围附属的局域小环境，如建筑附近的庭院、街道、广场、游园、绿地、露天场地、河岸等可供人们日常活动的空间。建筑外环境的特点主要有以下几点：

①建筑外环境是建筑的实体外部界面和附属空间的综合，是整体环境的一部分，其空间存在形式上依靠建筑物和其他主要空间表述。建筑外环境主要是为衬托主体的建筑形象或融合建筑与自然的调和性，其空间特征是由建筑物的形态特征决定的。

建筑外环境空间不是由环境设施构成的实用空间，本身不具有实用功能的独立性。虽然其表达了某种空间意义，但并非为人们的行为目的而服务，其对建筑物是绝对的附属关系。

②建筑外环境的艺术性有其特殊性。作为环境，其表达是有一定艺术性的。环境艺术和其他艺术一样，有自身的独立的组织结构，利用空间环境的构成要素的差异性和同一性，通过形象、质地、肌理、色彩等向人们传达某种情感，同样包含一定的社会文化、地域、民族的含义，是自然科学和社会科学的综合，也是哲学和艺术的综合。然而，建筑外环境艺术有其局限性，它是通过植物的色彩、光线与尺度的协调统一，参考建筑形式美原则来反映建筑艺术的表达内涵。建筑小环境绿化是建筑艺术空间的凸显和缺陷的遮掩。

③受建筑的影响。一般建筑的外环境都有不同的小气候生态环境，这是由建筑物的实体与风、光照等自然因子的相互影响而形成的。建筑物的朝向以及围合的程度极大地影响着小环境生态因子的改变。

（三）建筑外环境绿化特点

建筑外环境是对建筑及其空间表达的附属空间，所以其绿化装饰强调整体性原则。首先，绿化装饰的方式或风格要与建筑风格力求一致；其次，绿化装饰效果的主题要围绕建筑及其空间的含义，绿化装饰仅作为点缀、衬托或掩映，或者作为建筑空间表达的艺术手段。绿化装饰的色彩、线条、纹理及配置方式要与建筑和谐统一。巧妙处理建筑与植物搭配间的关系，运用各种艺术手法，或隐或显，方能创造出更好的衬托效果。

不同类型的外环境空间绿化具有不同的功能，如美化装饰、掩障景观、隔音降噪以及遮阳庇荫等，因此要根据要求选择不同的植物及配置方式。根据外环境的生态小气候，选择适宜的植物是景观生成的首要考虑因素。

（四）不同类型建筑外环境绿化

1．建筑基础绿化

建筑基础是建筑实体与大地围合形成的半开放式空间，是连接建筑与自然的枢纽地带。凡在建筑物的基础部分种植植物，都称为基础栽植植物种植。栽植时主要考虑建筑的采光通风问题。一般的基础绿化是以灌木、花卉等进行低于窗台的绿化布置；在高大建筑天窗的地方也可栽植乔木。适宜的植栽能够减少建筑和地面因日晒产生的辐射热，避免地面扬尘。在临街建筑面进行基础栽植还可以将道路有所隔离，降低噪声。因此，基础绿化也是美化建筑及其环境，强化绿化功能性的重要手段。基础绿化适宜与否极大程度上决定和影响了建筑与周围环境的融洽性。

（1）栽植位置。基础绿化主要针对主视面，美化功能占主导地位。建筑的高低不同，基础绿化选择的植物不同，绿化方式和效果也各异。一般的基础绿化以灌木、花卉等进行低于窗台的绿化。建筑后沿及两侧可适当选择树冠宽大且高大的乔木。对于临街建筑的隔音防噪功能也不可忽视（尤其是居住区）。基础栽植不可离建筑太近，除攀缘植物外，为保持室内通风透光，灌木要保持1 m以上，乔木要在5 m以上。

（2）植物选择。受建筑物的影响，不同朝向的基础形成不同类型的小气候，植物选择上也要注意。在建筑南面，为了不影响室内采光，在离建筑较近的距离内不宜植高大乔木，以花灌木和地被植物为主；建筑北面，因环境阴蔽，可植一些耐阴的地被植物如玉簪、沿阶草、万年青、杜鹃、山茶等。

（3）注意事项。绿化装饰要与建筑风格表现一致，巧妙运用植物色彩、质地、形状合理配置，或显或隐，不可喧宾夺主。

（4）基础绿化装饰常用方式。

①花境：自然式花境，因其比较低矮，色彩绚丽，季相明显，装饰效果突出，故常用于低矮建筑的主视面基础。在别墅花园、低矮办公庭院中常采用，表达自然、宁静的气氛。

②花台：在具有高差的建筑物周围，随地形建构台阶式花台，有选择地种植不同高度、花色、叶色的植物，迎合建筑环境的主题表达。

③花坛：多用于商业性建筑的前立面基础栽植，以表达热闹、繁荣的景象。

④树丛；多用于高大建筑的基础栽植，或在临街建筑周围形成树屏，不仅可以把建筑与道路隔离，有效地防止噪声，还能使建筑掩映在树丛中，增强美感。

⑤绿篱：修剪整齐的绿篱紧密围绕建筑基础，能与建筑和谐统一。

2．建筑墙体绿化

墙的功能是承重和分隔空间。墙体绿化是增大城市绿化面积的有效措施，具有点缀、烘托、掩映的效果。古典园林常以白墙为背景，通过植物自然的姿态与色彩作画，营造有画意的植物配置。常用植物有紫荆、紫玉兰、榆叶梅、红枫、连翘、迎春、玉兰、芭蕉、竹、山茶、木香、杜鹃、枸骨、南天竹等。

现代的墙体常配置各类攀缘植物进行立体绿化，或用藤本植物，或经过整形修剪及绑扎的观花、观果灌木，辅以各种球根、宿根花卉作基础栽植，形成墙园。其中常用的种类有紫藤、木香、蔓性月季、地锦、五叶地锦、深山木天蓼、猕猴桃、葡萄、山荞麦、铁线莲属、美国凌霄、凌霄、金银花、盘叶忍冬、华中五味子、五味子、素方花、盖冠藤、钻地风、常春油麻藤、鸡血藤、禾雀花、绿萝、崖角藤、西番莲、炮仗花、使君子、迎春、连翘、火棘、平枝栒子等。植物为墙面增添了自然生动的气息。

黑色的墙面前宜配置些开白花的植物，如木绣球，使硕大饱满圆球形白色花序明快地跳跃出来，也起到了扩大空间的视觉效果。如片植葱兰、白花鸢尾、白晶菊等，使白色形成强烈对比，绵延于墙前起到延伸视觉的效果。如木香，白花点点，清秀可爱，并伴随有季相变化。若山墙、城墙有薜荔、何首乌等植物覆盖遮挡，则会充满自然情趣。

在一些花格墙或虎皮墙前，宜选用草坪和低矮的花灌木以及宿根、球根花卉。如用高大的花灌木会遮挡住墙面，反而影响欣赏墙面本身的美，而且也可能会显得过于花哨，影响整体效果，喧宾夺主。另外为加深景深，还可在围墙前做出高低起伏的地形，将高低错落的植物植于其上，使墙面若隐若现，产生远近层次延伸的视觉效果。

墙面绿化还应考虑墙面朝向的问题，不同的朝向，光照、湿度条件都有所差异，植物选择也不同。例如，喜阳植物不适宜配置在光照时间短的北向或遮阴面，适合在南向或东南向墙前种植。此外，还可以利用建筑的南墙面背风、小气候较好的特点引种栽植观赏性高但耐寒性较差的植物。

3．亭的植物配置

在园林建筑中亭与植物的配置是常见的，亭在中国古典园林中普遍存在，现代应用仍非常广泛。其形式多种多样，选址灵活，或伫立山冈，或依附建筑物，或临水，与植物配合形成各种生动的画面。亭的植物配置应和其造型和功效取得协调和统一。如在亭的四周广植林木，亭在林中，有深幽之感，自然质朴。也可在亭的旁边种植少数大乔木作亭的陪衬，稍远处配以低矮的观赏性强的木本草木花卉，亭中既可观赏花，又可庇荫休息。又如树木少而精，以亭为重点配置，树形挺拔，枝展优美，保持树木在亭四周形成一种不对称的均衡，3 株以上应注意错落层次，这样乔木花卉与亭即可形成一幅美丽的图画。

从亭的结构、造型、主题上考虑，植物选择与之取得一致，如亭的攒尖较尖、挺拔、俊秀，应选择圆锥形、圆柱形植物，如枫香、毛竹、圆柏、侧柏等竖线条为主的植物；从亭的主题上考虑，应选择能充分体现其主题的植物，如“竹栖云径”3 株老枫香和碑亭形成高低错落的对比；从功效上考虑，碑亭、路亭是游人多且较集中的地方，植物配置除考虑其意境外，还考虑遮阴和艺术构图的问题。花亭多选择和其题名相符的花木。

4．茶室的植物配置

茶室周围植物配置应选择有香味的花灌木。如南方茶室前多植桂花，九月飘香，还可配植白兰花、栀子花、茉莉花等，创造香气宜人的氛围。

5．水榭的植物配置

水榭前植物配置多选择水生、耐水湿植物，水生植物如荷、睡莲；耐水湿植物如水杉、池杉、水松、旱柳、垂柳、白蜡、柽柳、丝棉木、花叶芦竹等。

6．公园服务性建筑的植物配置

公园管理处、厕所等观赏价值不大的服务性建筑，不宜选种香花植物，而选择竹、珊瑚树、藤木等较合适，通过列植或篱植起到屏障作用。

7. 建筑细部的植物配置造景

（1）入口。园林中多门，院落和建筑空间均有入口，其植物配置应具有便于识别、引导视线和提供阴凉等实用功能，通过造型及周围环境的设计变化满足人们审美需求及空间尺度上的需求。

建筑物入口的植物配置是视线的焦点，通过植物的精细设计，可美化入口，对建筑起画龙点睛的作用。在以休闲功能为主的建筑物、庭院入口处，可配置低矮的花坛，自然种植几株树木，显得轻松愉快；在纪念性或性质严肃的建筑前，可种植排列整齐的树木，烘托庄重的气氛。

建筑入口处植物造景的方法一般有诱导法、引导法和对比法。诱导法是在入口处种植具有鲜明特征的绿化植物，植物配置也常采用对植或列植等对称的种植方式，让人在远处就能判断出此处为入口。如种植可观赏的高大乔木或设置鲜艳的花坛等。引导法是在道路两旁对植乔灌木或花卉，使人在行进过程中视觉被强化与引导。植物选择上考虑树形、树高和建筑相协调，种植上应和建筑有一定的距离，并应和窗间错种植，以免影响通风采光。

通常进口处植物配置首先要满足功能的要求，不阻挡视线，不影响人流、车流的正常通行；在特殊情况下可故意用植物挡住视线，使出入口若隐若现，起欲扬先抑的作用。充分利用门的造型，以门为框，通过植物配置，与路、石等进行精细地艺术构图，不但让景观入画，还可以扩大视野，延伸视线。

（2）台阶。建筑外围通常有台阶，需要对台阶进行绿化装饰。在与周围建筑融洽，满足环境要求、配置目的的前提下，美观、安全通常是考虑的重点，通常选用一些观花的草本，如白花三叶草、沿阶草、兰草等。

（3）窗。窗框的尺度是固定不变的，植物却不断生长，随着生长，体量增大，会破坏原来的画面。因此，园林建筑窗外的植物配置要注意选择生长缓慢、变化不大的植物，如芭蕉、孝顺竹、梅、蜡梅、碧桃、苏铁、棕竹、刺葵、南天竹等，近旁再配些尺度不变的剑石、湖石，增添其稳固感，与窗框构成框景，是相对稳定持久的画面。为了突出植物主题，窗框的花格不宜过于花哨，以免喧宾夺主。

（4）建筑的角隅。角隅线条生硬，而转角处又常成为视觉焦点。通过植物配置进行缓和点缀最为有效。应多种植观赏性强的园林植物，如可观花、观叶、观果、观干等植物种类，可成丛配置，并且要有适当的高度，最好在人的平视视线范围内，以吸引人的目光。也可放置一些山石进行地形处理配合植物种植，如用丛生竹、芭蕉、蜡梅、含笑、南天竹、丝兰、十大功劳、大叶黄杨等。在较长的建筑与地面形成的基础前宜配置较规则的植物，以调和平直的墙面，可展现统一规整的美，如用栀子花、山茶、四季桂、杜鹃、金边女贞、小蜡树、红花檵木等。

8．道路边缘绿化装饰

园林中道路的铺设材料十分丰富，有木质、石质、植物等，质地不同，效果不同。而与道路相接的路缘景观设计容易忽视，色彩丰富的植物景观变化以及路和路缘的自然过渡是极为重要的，如用白花三叶草、沿阶草、紫花地丁等。

9．屋顶

屋顶绿化在国际上的通俗定义是一切脱离了地气的种植技术，它涵盖面不单单是屋顶种植，还包括露台、天台、阳台、墙体、地下车库顶部、立交桥等一切不与地面自然土壤相连接的各类建筑物和构筑物的特殊空间的绿化。它是根据屋顶的结构特点及屋顶上的生境条件选择生态习性与之相适应的植物材料，通过一定的技术手法，在建筑物顶部及一切特殊空间建造绿色景观的一种形式。

现如今，城市地面可绿化用地少而价高，占城市用地 60% 以上的建筑屋顶的绿化，则是对城市建筑破坏自然生态平衡的一种最简捷有效的补偿办法，是节能环保型绿色建筑的重要内容，是有生命的城市重要的基础设施建设。除地面绿化形式外，其他的立体绿化形式如棚架、墙体、阳台等都在城市绿地系统构成中发挥着各自的作用。棚架绿化的作用往往局限于一点，墙体绿化的作用是在一个面上，屋顶绿化则是在城市的立体平面上发挥作用。

（1）屋顶绿化方式。由于建筑物的多样性设计，造成面积大小、高度不一，形状各异的各种屋面，加上新颖多变的布局设计，以及各种植物材料、附属配套设施的使用，形成类型多样的屋顶绿化。

①屋顶绿化按高度可分为低层建筑屋顶绿化和高层建筑屋顶绿化 2 种；按空间组织状况可分为开敞式、封闭式和半封闭式 3 种。

②从建筑荷载允许度和屋顶生态环境及功能的实际出发，屋顶绿化可分为 2 种形式：

A．简式轻型绿化，以草坪为主，配置多种地被和花灌木等植物，讲求景观色彩。用不同品种植物配置出图案，结合步道砖铺装出图案。

B．花园式复合型绿化，近似地面园林绿地。乔灌花草、山石水、亭廊榭合理搭配组合，可以点缀园艺小品，但硬铺装要少，且要严守建筑设计荷载、支撑允许的原则。

③从植物造景的方式来看，屋顶绿化可分为 5 种形式：

A. 地毯式：在承载力较小的屋顶上以地被、草坪或其他低矮花灌木为主进行造园。一般土层厚度为 5 cm ～ 20 cm，选择抗旱、抗寒力强的低矮植物。

B. 群落式：对屋顶的荷载要求较高，不低于 400 kg/m²，土层厚度应达 70 cm

以上，配置时考虑乔灌草的生态习性，按自然群落的形式营造植物景观，生态功能很强，植物选择范围可适当扩大。乔木的选择多局限于生长缓慢的裸子植物或小乔木，且裸子植物多经过整形修剪。

C. 中国古典园林式：在一些宾馆的顶层常参照我国传统山水园要素建造屋顶花园，构筑小巧的亭台，或是堆山理水、筑桥设舫，以求曲径通幽之效。这类屋顶花园的植物配置要从意境上着手，小中见大，如作一丛矮竹表示高风亮节，用几株曲梅写意暗香浮动。

D．现代园林式：在造园风格上变化多端，有的以水景为主体并配上大色块花草组成屋顶花园；有的把雕塑和枯山水等艺术融入屋顶花园；有的设花坛、花台、花架，进行空间的组合和划分。也可在种植槽内种上色彩鲜艳的草本花卉，并设置喷泉及叠水；还可利用低矮的彩叶植物，依建筑的自然曲线修剪成型。

E．花圃苗圃式：在种植池内成片种植草花或瓜果蔬菜。

（2）屋顶绿化植物的选择。目前种植基质主要包括改良土和人工轻量种植基质两种类型。水的供应受到限制，不可能利用地下水通过毛细管上升作用供给植物。需要根据各类植物的生长特性，选择适合屋顶生长环境的植物品种。屋顶上的风力大，土层太薄，选用植株矮、根系浅的植物容易被风吹倒；若加厚土层，便会增加重量。而且，乔木发达的根系往往还会影响防水层而造成渗漏。因此，屋顶花园一般应选用比较低矮、根系较浅的植物。对于大面积屋顶覆土绿化，由于覆土厚度浅及屋顶负荷有限，加之屋顶日照足、风力大、湿度小、水分散发快等特殊的因素，要求植物需要具备根系浅、矮生、生长慢、耐瘠薄、耐干旱、耐寒冷、耐风飕、宿根、喜阳等特点，体量也不能太大，以适应某一具体屋顶生态环境条件、在屋顶上生长安全可靠为首选。

草坪与地被植物常用的有佛甲草、黄花万年草、垂盆草、卧茎佛甲草、天鹅绒草、酢浆草、虎耳草、美女樱、太阳花、遍地黄金、马缨丹、红绿草，吊竹梅、凤尾珍珠、三七景天、八宝景天、德国景天、红景天、德景天、太平花等。特别是目前运用比较成熟的佛甲草、黄花万年草、垂盆草、卧茎佛甲草等，它们同属景天科地被植物，有如下特点：绿色期较长，一年四季仅年底年初两个月茎叶枯萎，根部嫩芽碧绿；抗旱、抗寒能力强；冬季干茎抓地牢，不扬尘；所需营养基质薄，3 ～ 5 cm 厚即可；根系浅，弱且细，网状分布，没有穿透屋面防水层的能力；管理粗放，具有一定的经济价值。例如，佛甲草是外敷清热解毒的中草药，垂盆草内服可清热解毒，且是可食用的保健凉菜。

草本花卉常用的有天竺葵、球根秋海棠、风信子、郁金香、金盏菊、石竹、一串红、旱金莲、凤仙花、鸡冠花、大丽花、金鱼草、雏菊、羽衣甘蓝、翠菊、千日红、含羞草、紫茉莉、虞美人、美人蕉、萱草、鸢尾、芍药、葱兰等。

灌木和小乔木常用的有雪松、桧柏、罗汉松、沙地柏、侧柏、龙爪槐、大叶黄杨、女贞、紫叶小檗、西府海棠、樱花、紫叶李、竹子、红枫、小檗、南天竹、紫薇、木槿、贴梗海棠、蜡梅、月季、玫瑰、山茶、桂花、牡丹、结香、红瑞木、平枝栒子、八角金盘、金钟花、栀子、金丝桃、八仙花、迎春花、棣棠、枸杞、石榴、六月雪、荚莲、苏铁、福建茶、黄心梅、黄金榕、变叶木、鹅掌楸、龙舌兰、假连翘等。

藤本植物常用的有洋常春藤、茑萝、牵牛花、紫藤、木香、凌霄、蔓蔷薇、扶芳藤、五叶地锦、葛藤、金银花、常绿油麻藤、葡萄、爬山虎、炮仗花等。其对于屋顶设备和广告架的覆盖有独到之处，可在屋顶建筑物承重墙处建池种植，也可在地面种植使其向屋顶攀爬。

果树和蔬菜常用的有矮化苹果、金橘、葡萄、猕猴桃、草莓、黄瓜、丝瓜、扁豆、番茄、青椒、香葱等。

屋顶绿化一般用草坪、地被、灌木、藤本植物较多。小乔木作为孤赏树可适当点缀，大乔木极少应用。在具体的植物设计中，要综合考虑以下因素：

①屋顶高度。通常距地面越高的屋面，自然条件越恶劣，植物选择要更为严格。

②应尽可能地选用适应性强、生长缓慢、病虫害少、浅根性植物材料。

③考虑布局设计的需要、功能发挥和观赏效果、防风等安全性的要求、水肥供应状况。

④退台式屋面还要考虑墙体材料和受光条件等。

（3）种植方式。屋顶绿化植物的种植方式主要有地栽、盆栽、桶栽、种植池栽和立体种植（棚架、垂吊、绿篱、花廊、攀缘种植）等。选择种植方式时不仅要考虑功能及美观需要，而且要尽量减轻非植物重量（如花盆、种植池少种）；垂直绿化可以充分利用空间，增加绿量。绿篱和棚架不宜过高，且其每行的延伸方向应与常年风向平行。如果当地风力常大于 20 m/s，则应设防风篱架，以防风害。

（4）屋顶绿化建造关键技术。在屋顶上绿化造园，一切造园要素都受到支撑它的屋顶结构限制，不能随心所欲地挖湖堆山、改造地形。与陆地建园有共同处，可运用一般的园林造园构景手法；同时也受到处所居高临下、场地狭小、四周围绕建筑墙壁所限，在建造过程中重点要考虑的是防水防渗漏和承重的问题。

①选择小型空心砌块、轻质墙板、塑料板材等轻质材料，减轻屋顶负荷；

②采用科学方法，如使用双层防水层法和硅橡胶防水涂膜处理，做好防水；

③注意在承重墙或支柱上设计花池、种植槽、花盆等构筑物；

④屋顶绿化的养护应由拥有园林绿化种植管理经验的专职人员承担。

第六章　风景园林植物与造景应用

第一节　公园绿地植物配植与造景

一、综合性公园植物配植与造景

城市综合性公园是城市公园的“核心”，不仅提供了大面积的种植绿地，还提供了丰富的游憩活动空间和设施，是城市居民共享的“绿色空间”。综合性公园作为城市主要的公共开放空间，是城市绿地系统的重要组成部分，对于城市景观环境塑造、城市生态环境调节、居民社会生活起着极为重要的作用。

根据国际上对现代公园系统分类的相关情况，各地区城市的综合性公园面积从几万平方米到几十万平方米不等。在中小城市中多数设 1 ～ 2 处，在大城市中分设全市性和区域性公园多处。在我国，根据城市中的服务对象与服务范围，综合性公园分为市级公园和区级公园两类。

（一）综合性公园植物配植造景原则

1. 全面规划、重点突出，近期、远期结合

全园的植物规划必须结合公园的性质、功能，合理布置。首先，应该适地、适树，根据公园的立地条件和植物的生态习性，选择合适的种类，使植物能健康生长，在近期、远期均能达到良好的景观效果。其次，应该以乡土植物为主、外地珍贵的驯化后生长稳定的植物为辅，利用公园用地内原有树木，尽快形成公园的绿地景观骨架。最后，速生与缓生植物结合，常绿与落叶植物结合，针叶与阔叶植物结合，乔、灌、草结合，对重点景观区域利用大苗进行密植，尽快形成稳定的植物景观效果。

所种植的植物需要有一定的抗逆性和少病虫害的特点，林下部分种植耐阴性植物以适宜下层阳光较少的特点，藤本攀缘植物可以根据小品中的廊架、篱笆等物体的具体形式来种植。主要树种为 2 ～ 3 种，落叶树占 50% ～ 70%，混交林占 70% 左右。

2. 全园风格统一，区域各具特色

综合性公园植物景观应该遵循一个共同的主题，植物配植形式与造园风格

统一。利用基调树种统一全园风格，形成各区域之间的合理过渡。各区域除选用全园基调树种以外，可以另选主调树种或营造专类园，突出各区域特色。

3．满足各区域功能要求，符合美学原理

综合性公园作为城市公园绿地的一个重要组成部分，其功能之一就是满足市民业余时间休憩、社交等需求，同时，又要运用艺术构图原理，创造优美雅致的公园景观。公园的植物配植应该充分考虑绿地功能，通过植物配植使空间有开有合，种植有疏有密。开阔空间适合一些开放性、集体性活动；封闭空间适合私密活动和独处。在季风比较明显、冬季寒风侵袭的地区，需要设置防风林带；主要景观节点要重视观赏功能，配植观赏性高的植物；在人群活动多的地方，应更多地考虑遮阴。在安静休息区和老人活动区，可利用绿、蓝、紫等冷色调植物营造清雅幽静的环境，同时，满足春季观花、夏季遮阴、秋季红叶的季相动态；在娱乐、儿童区，应该注重色彩的运用和变化，尽量使用色彩鲜艳、活泼多变的植物，突出活泼热烈的气氛；在纪念区及庄严肃穆地区，选用深绿色的常绿针叶树种，给人以沉静庄重的感觉。

（二）综合性公园出入口植物配植造景

公园出入口一般包括主要出入口、次要出入口和专用出入口 3 种。主要出入口临城市主干道，交通方便；次要出入口一般与城市次干道相邻；专用出入口主要供园区管理及体育运动区使用。公园出入口的植物景观营造主要是为了更好地突出、装饰、美化出入口，使公园在出入口处就可以向游人展示其特色或造园风格。公园出入口植物配植常采用色彩鲜艳、层次丰富、形体优美的植物，起到引导游人的作用。同时，利用植物景观弱化出入口处的墙基、建筑角落的生硬，或与出入口广场、山石、水体等结合组景，共同点缀出入口景观。

主要出入口人流量较大，面积也较大，常涉及集散功能的广场设计，因此，主要出入口的植物配植应充分考虑与广场景观的呼应；次要出入口规模较小，应注意植物配植选择体量与空间尺度相协调的品种；专用出入口的植物配植要注意绿化的遮挡作用以及方便消防、管理的车辆出入，功能性占主要。如果出入口内外有较开阔的空间，园门建筑比较现代、高大，宜采用花坛、花境、花钵或以灌丛为主，突出园门的高大、华丽；如果内外空间较狭小，出入口的景观营造应以高大乔木为主，配以美丽的观花灌木或草花，营造郁闭优雅的小环境。出入口前的停车场四周可以用乔木、灌木结合配植，便于隔离环境和夏季遮阴。公园出入口的植物景观还应与出入口区域的城市街道景观相互协调，丰富城市街景，展示公园特色。

（三）综合性公园园路植物配植造景

园路是公园的重要组成部分之一，它承担着引导游人、连接交通运输、人流集散、分割空间、联系各景区景点等功能，园路依据地形、地势和文化背景而作不同形式的布置。按照作用和性质不同，园路一般分为主要道路、次要道路、游步道和小径 4 种类型。

园路的植物配植要根据地形、建筑和风景的变化而变化，既不能妨碍游人视线，又要起到点缀风景的作用。园路两侧可用乔灌木树丛、绿篱、绿带分隔空间，使游步道时隐时现，产生高低起伏之感。在有风景可赏的园路外侧，宜种植矮小的花灌木或草花，不影响游人赏景；在无景可观的园路两侧，可以密植或丛植乔灌木，使道路隐蔽在丛林之中。园路转弯处和交叉口是游人视线的焦点，也是植物造景的重点部位，可用乔木、花灌木形成层次丰富的树丛、树群。公园机动车辆通行的道路两侧不得有低于 4 m 的枝条；方便残疾人使用的园路边缘不得使用有刺或硬质叶片的植物；植物种植点距离园路边缘不得小于 0.5 m。

1．主要道路

主要道路构成园路的骨架，引导游人欣赏景色，道路面宽度为 4 m ～ 6 m，道路纵坡不大于 8%，横坡为 1% ～ 4%。我国园林常以水面为中心，主要道路沿水面和地形蜿蜒延伸，布局呈自然式。主要道路两侧可列植高大、荫浓的乔木，配以较耐阴的花灌木；如果不用行道树，可以结合花境、花丛布置成自然式树丛和树群。道路两边设置座椅供游人休息，座椅附近种植高大阔叶树种以利于遮阴。

2．次要道路

次要道路是公园各区内连接各景点的道路，是主要道路的辅助，可在主干道不能形成环路时，补其不足。次要道路路面宽度为 2 m ～ 4 m，地形起伏可比主要道路大，坡度大时可以平台、踏步处理。在植物配植时，可沿路布置林丛、灌丛或花境美化道路景观，做到层次丰富、景观多变，达到步移景异的效果。

3．游步道

游步道分布于全园各处，是园林中深入山间、水际、林中、花丛，供人们漫步游赏使用的园路，其布置形式自由，行走方便，安静隐蔽，路面宽度为 1.2 m ～ 2 m。游步道两旁的植物景观配植应给人以亲切感，可布置一些小巧的园林小品，也可开辟小的封闭空间，结合各景区特色不同而细腻布景，乔、灌、草结合形成色彩丰富的树丛。

4．小径

小径是考虑游人的不同需要，在园路布局中常为游人由一个景区（点）到另一个景区（点）开辟的捷径，一般供单人通行，宽度小于 1 m。小径两侧植物配植宜简单、开阔，可种植一些低矮的花灌木或草花，让道路容易被游人发现，并且方向明确。

（四）综合性公园分区及其植物配植造景

城市综合性公园面向不同年龄、不同爱好的游人开放，园内设施多种多样，必须进行科学合理的功能分区。综合性公园一般分为文化娱乐区、安静休息区、儿童活动区、老人活动区、体育运动区和公园管理区等。

公园各功能分区相对独立，植物配植应该在全园统一规划的基础上，根据各区域不同的自然条件和功能要求，与环境、建筑合理搭配，展现各区域的特点，使各个功能区各尽其能，满足游客游览、休憩、交往等不同需求。种植设计时应注意考虑各个区域的性质、功能要求、游人量、公园用地要求，以及乔、灌、草的比例，因地制宜，实现各个区域植物最优化配植。

1．文化娱乐区

文化娱乐区主要通过游玩的方式进行文化教育和娱乐活动，属于综合性公园里面的动区（闹区），相对集中地布置的设施主要有展览室、展览画廊、露天剧场、游戏室、文娱室、阅览室、音乐厅、电影场、俱乐部、歌舞厅、茶座等。该区接近公园出入口或与出入口有方便的联系，常位于公园的中部，是全园布局的重点，园内一些主要园林建筑设置在这里。该区活动场所多、活动形式多、人流量大、集散的时间集中、热闹喧哗、建筑密度大，布置时要注意妥善地组织交通，避免区内各项活动之间的相互干扰，使有干扰的活动项目之间保持一定的距离，并利用树木、建筑、山石等加以隔离。

在营造文化娱乐区的植物景观时，重点是如何利用植物分隔活动区域。可以配植高大的乔木形成围合、半围合空间把区内各项娱乐设施分开，形成各自独立的空间，减少各个活动项目之间的相互干扰。

文化娱乐区要便于人流集散和游乐活动的开展。文化娱乐区经常开展人数众多、形式多样的活动，人流量大，植物配植应以规则式或混合式为主，在局部一些文化广场等公共场所，游人活动集中的地方设置开阔的草坪和低矮花灌木，适当配植高大常绿乔木，枝下高不小于 2.2 m，保证视线通透，以免影响游人通行或阻挡交通安全视距。

2．安静休息区

安静休息区是全园中景色最优美、占地面积最大、游人密度小、与喧闹的文化娱乐区有一定隔离的区域，该区通过营造宁静、自然的环境，供游人散步、赏景等。其用地选择以原有树木较多、地形起伏变化大的高地、谷地、湖泊、河流等风景理想的区域为宜，结合自然风景，适当设置亭、廊等园林建筑。

该区植物配植以自然式为主，植物宜素雅，不宜华丽，塑造自然幽静的休憩空间。可以采用密林方式，尽量多用高大乔木，林内分布自然式小路，铺装空地、草地等；也可以直接设置为疏林草地，以草坪为游人提供大面积自由活动空间，将盛花植物配植在一起形成花卉观赏区、专类园或利用植物组成不同外貌的群落体现植物群体美。

3．儿童活动区

综合性公园的儿童活动区与儿童公园的功能一致，是为促进儿童的身心健康而设立的专门区域。该区在全园占地面积小（3%），各种活动设施复杂，多布置在公园出入口附近或景色开阔处，一般可以根据不同年龄段分成不同的区域，设有不同年龄段儿童喜爱的各种游乐、科普教育设施。学龄前儿童活动范围小，幼儿区面积较小，可布置安全、平稳的项目；学龄儿童区面积大，可安排大中小型游乐设施，设置便于识别的雕塑小品。儿童活动区的建筑、设施、小品宜选择造型新颖、色彩鲜艳的作品，以引起儿童对活动内容的兴趣，同时也符合儿童天真烂漫、好动活泼的特征，其尺度、造型、色彩要富有教育意义；道路的布置应安全、简洁明确、容易辨认，最好不要设台阶或坡度过大，以保证安全，便于活动；活动场地周围不宜用铁丝网或其他具伤害性的物品，以保证活动区内儿童的安全。有条件的公园，在儿童活动区内需设小卖部、盥洗台、厕所等服务设施。该区在植物景观营造时，应考虑以下 3 个方面：

①儿童活动区周围应有紧密的林带、绿篱或树墙与其他区隔离，为儿童提供单独的活动区域，提高安全性。

②植物种类应比较丰富，种植形式多样。该区植物配植以自然式为主，一些具有奇特的枝叶花果、色彩绚丽的植物比较适宜，可创造童话般色彩艳丽的境界，引起儿童对自然界的兴趣，使儿童在游玩中增长知识。在儿童游乐设施附近配植生长健壮、萌芽力强的大中型乔木，把游乐设施分散在疏林之下，为儿童活动和家长看护提供庇荫之处（枝下高不小于 1.8 m），夏季庇荫面积应大于活动范围的 50%；在家长看护、等候区，不宜配植妨碍视线的植物；活动区内铺设草坪，选用耐践踏的草种。

③该区应选择无毒、无刺、无异味、不引起过敏的安全植物品种。在儿童活动区避免使用有强烈刺激、黏手、种子飞扬的植物，忌用容易招致病虫害和浆果类的植物。

4. *老人活动区*

综合性公园里的老人活动区是供老年人活跃晚年生活，开展文化、体育活动的场所。随着我国城市人口老龄化速度的加快，老年人在城市人口中所占比例日益增大，公园中的老人活动区在公园绿地中的使用率也日趋增大。很多老年人已养成了早晨在公园中晨练，白天在公园绿地中活动，晚上和家人、朋友在公园绿地散步、谈心的习惯，因此，公园中老人活动区的设置不可忽视。

老人活动区设在观赏游览区或安静休息区附近，背风向阳、环境幽雅、风景宜人，地形以平坦为主，不应有较大的地形变化。老人活动区内建筑布局紧凑，有厕所、走道扶手、无障碍通道等必要的服务性建筑或设施，可以适当安排一些简单的体育健身设施，注意安全防护要求，道路、广场注意平整防滑，道路不宜太弯和太窄。该区在植物景观营造时，应考虑以下 3 个方面：

①营造时间的永恒感。该区植物配植以落叶阔叶林为主，保证场地内夏季

遮阴，冬季有充足的阳光，有丰富的季相变化。同时，适当选用长势强劲、苍劲古朴的大树，点明岁月的主题。

②选择有益健康的植物。老人活动区应多选用一些银杏、柑橘等有益于身心的保健树种，香樟、松树等分泌杀菌物质的树种和栀子、桂花等香花植物，营造干净、静谧、舒适的园林空间。

③选择有指示、引导作用的树种。在老人活动区的一些道路转弯处，应配植色彩鲜明的树种起到提示作用，帮助老年人辨别方向。

5. 体育运动区

在比较完整的综合性公园里往往会设置开展各项体育活动的体育活动区，一般设有体育场馆、游泳池以及各种球类活动的场所和生活服务设施。该区域人流量大，集散时间短，干扰大，宜布置在靠近城市主干道，离入口较远的公园一侧。一般专门设置出入口，以利人流集散。用地选择时可以充分利用地形设立游泳池、看台和水上码头；还要考虑与整个公园的绿地景观相协调；注意活动的场地、设施应与其他各区有相应分隔，以地形、树丛、丛林进行分隔较好；注意建筑造型的艺术性；可以缓坡草地、台阶等作为观众看台，增加人与大自然的亲和性。该区在植物景观营造时，应考虑以下 3 个方面：

①便于场地内开展比赛和观众观看比赛。体育活动区的植物配植以规则式为主，植物选择应以速生、强健、发芽早、落叶晚的阔叶树为主，种植点离运动场至少保持 6 ～ 10 m 的距离，以成林后树冠不伸入运动场上空为宜。植物叶色以单纯的绿色为好，不能有强烈的反光，以免影响运动员和观众的视线。运动场地内尽量用耐践踏的草坪覆盖，场周应设座椅、花架以供运动员休息。

②选择安全的树种。该区内不宜种植落花、落果、飞絮的植物，也不要种植带刺、易染病虫害、树姿不齐的树种。

③利用植物与其他区域形成隔离。体育活动区外围用乔灌木组成隔离绿带，减少运动区对外界的影响，也防止运动区受外界的干扰。

6. 公园管理区

综合性公园的管理区是公园工作人员管理、办公、组织生产、生活服务的专用区域，包括公园管理办公室、苗圃、仓库和生活服务管理部门等。该区与城市街道有方便联系，设有专用的出入口，供内部使用；比较隐蔽，不与游人混杂，以树林等与游人活动区域分隔，不暴露在风景游览的主要视线上。管理区内部有车行道相通，便于运输和消防。

公园管理区有专用出入口，多同公园其他区域相隔离，景观独立性较强。办公楼或其他建筑朝向公园游览区的一侧用高大的乔木进行屏蔽。植物配植应与办公建筑风格协调，如办公楼现代、高大，则管理区植物配植多以规则式为主，多用花坛；若办公楼为古式建筑，则可以配植为中式园林，有假山水景。

二、植物园植物配植与造景方法

植物园是植物科学研究机构，也是以采集、鉴定、引种驯化、栽培实验为中心，同时可供游人观赏和游览，具有一定科普功能的公园。

（一）植物园的功能

1．科学研究

科学研究是植物园的首要任务之一。植物园的主要任务有：研究植物的生长发育规律，植物引种后的适应性、经济性及遗传变异规律，总结和提高植物引种驯化的理论和方法；发掘野生植物资源，引进国内外重要的经济植物，调查、收集稀有、珍贵和濒危植物种类，以丰富栽培植物的种类或品种，为生产实践服务。大型的、专业的植物园还收集、保护野外濒危、珍贵物种。

2．科学普及

植物园通过露地展区、温室、标本室等室内外植物材料的展览，结合植物挂牌介绍、图表说明和解说员讲解，丰富广大群众的自然科学知识。人们最常见的就是植物园的科普功能，园内建立了具有园林外貌和科学内容的各种展览和试验区，作为科研、科普的园地。

3．科学生产

科学生产是植物园科学研究的最终目的。植物园通过科学研究得出的技术成果将推广应用到生产领域，创造社会效益和经济效益。

4．观光游览

植物园应结合植物的观赏特点、亲缘关系及生长习性，以公园绿地的形式进行规划和分区，创造优美的植物景观环境，供人们观光游览。

（二）植物园的分类

植物园按性质可以分为综合性植物园和专业性植物园。

1．综合性植物园

综合性植物园兼具科研、科普、生产和游览等多种功能，一般规模较大，它将科学研究和对外开放结合起来，把植物的生态习性与美学特性融为一体。

我国现有植物园中有科学系统、以科研为主结合其他功能的植物园，如北京植物园、武汉植物园、昆明植物园和南京中山植物园；也有归园林系统、以观光游览为主要功能并结合科研、科普和生产功能的植物园，如青岛植物园、上海植物园、杭州植物园、厦门植物园、深圳仙湖植物园等。

2．专业性植物园

专业性植物园也称附属植物园，多隶属于科研单位、大专院校。它是根据一定的学科、专业内容布置的植物标本园、树木园和药圃等，如浙江农业大学植物园、武汉大学植物园等。

（三）植物园植物配植与造景

植物园植物配植，应在满足其性质和功能需要的前提下，讲究园林艺术构图，使全园具有绿色覆盖，形成较稳定的植物群落。形式上以自然式为主，创造各种密林、疏林、树群、树丛、孤植树、草地、花丛等景观，注意乔、灌、草相结合的立体、混交绿地。具体收集多少种植物，每种收集多少，每株占面积多少，应根据各地各园的具体条件而定。

1. 植物科普展览区

该区主要展示植物界的客观自然规律，以及人类利用植物和改造植物的最新知识。可根据当地实际情况，因地制宜地布置植物进化系统展览、经济植物、抗性植物、水生植物、岩石植物、树木、温室、专类园等。

（1）按照原植物的观赏特性及园林艺术的表现方式布置展区。专类花园：世界植物资源丰富，观赏植物种类众多，这为建立各类观赏专园提供了良好的物质条件。目前，大多数植物园都有专类园，它是按照分类学的内容丰富的属或种专门扩大收集，辟成专园展出，常选择观赏价值高、种类和品种资源较丰富的花灌木。在植物景观营造时，要结合当地生态、小气候、地形等条件设计种植，还可以利用花架、花池、园路等组成丰富多彩的植物景观。常见的专类花园有山茶园、杜鹃园、月季园、丁香园、牡丹园、樱花园、梅花园、槭树园、荷花园等。

专题花园：是指将不同科属，具有相似观赏特性的植物配植在一起的展示区，如芳香园、彩叶园、观果园、春景园等。有时也可以按照植物对污染物质的抗性布置抗性植物区，展示对大气污染物质有较强抗性和吸收能力的植物，如抗 SO_4 植物专题展区、抗 HF 植物专题展区等。该展示区在植物配植时，首先要考虑各种植物的观赏特性是否与主题相符，其次要注意植物季相的变化。

园林应用示范区：是指在植物园中设立的可为园林设计及建设起示范作用的区，向游人展示园林植物的绿化方法及其他用途，达到推广、普及的目的。一般包括花坛花镜展示区、庭院绿化示范区、绿篱展示区、整形修剪展示区等。这类展示区在种植设计时既要有普遍性，又要有新颖性。普遍性是指植物材料要有一定的代表性，取材较为普遍；新颖性是指绿化的方法及造景方式要有创新，至少要与当地常见的应用方法有所区别。

园林形式展览区：展示世界各国的园林布置特点及不同流派的园林特色。常见的有中国自然山水园林、日本式园林、英国风致式园林、欧洲整形园林，以及近几年出现的后现代主义园林、解构主义园林等。这类展区面积不一定很大，重点是抓住各流派的特色。

（2）按照植被类型布置展区。世界范围的植被类型很多，如热带雨林、季雨林、亚热带常绿阔叶林、温带针叶林、亚高山针叶林、寒带苔原、草甸草原灌丛、温带草原、热带稀树草原、荒漠带等。要在某一地点布置很多植被类型的景观，只有借助于人工手段创造植物所需的生态环境，目前常用展览温室和人工气候室结合的方法。展览温室在我国可以布置热带雨林景观，也可以布置以仙人掌及多浆植物为主题的荒漠景观；人工气候室在国外多有应用，可用来布置高山植物景观。

（3）按照植物的经济用途布置展区。该区展示野生和栽培的有经济用途的植物，可分为纤维植物区、橡胶植物区、药用植物区、油脂植物区、香料植物区、淀粉植物区及糖类植物区等展区，各区域用绿篱或园路进行隔离。

（4）按照植物的生态习性布置展区。该类展览区根据植物对光照、温度、水分、土壤等生态因子的需求特点将植物布置成不同生境的群落，如旱生、沙生、湿生、水生、岩生、盐生等植物群落，并通过人工模拟自然群落进行植物配植，表现出不同生境下特有的植物景观。由于园区立地条件的限制，一般根据当地气候特点，突出表现一两种生态类型的植物群落景观，不可能面面俱到。在水生植物区，展示水生、湿生、沼生等不同特点的植物；岩石区布置色彩丰富的岩石植物和高山植物；树木区展示本地或外地引进露地生长良好的乔灌树种；专类区集中展示一些具有一定特色、栽培历史悠久的品种变种；温室区则展示在本地区不能露地越冬的优良观赏植物。

（5）按照植物进化原则和分类系统布置展区。该区域一般称为植物系统展览区或植物进化展览区，按植物进化系统分目、分科，反映植物由低级向高级进化的过程，使参观者不仅能得到植物进化系统方面的知识，还能对植物的分类和各科、属、种的特征有概括的了解。此类展区要考虑植物生态习性要求和园林艺术效果。首先，要考虑生态相似性，即在一个系统中尽量选择生态上有利于组成一个群落的植物。其次，尽量克服群落的单调性进行布置，把观赏特性较好的植株布置在展区的外围，以增加展区的美观性。另外，使反映进化原则的不同植物尽量按照不同的生态条件配植成合理的人工群落，以增加该区物种的多样性。

（6）按照植物的地理分布和植物区系原则布置展区。此类展区一般面积较大，按植物原产地的地理分布或植物区系进行营造。如莫斯科植物园的展览区分为远东植物区系、俄欧植物区系、中亚细亚植物区系、西伯利亚植物区系、高加索植物区系、阿尔泰植物区系和北极植物区系。

（7）按照植物的形体布置展区。此类展区按照植物的形态分为乔木区、灌木区、藤本植物区、球根植物区、一二年生草本植物区等展区。这类展区在归类和管理上比较方便，美国阿诺德植物园等建立比较早的植物园展览区就采用这种方式。但是形态相近的植物对环境的要求不一定相同，如果绝对按照这种方法分区，养护和管理上会出现矛盾。

2．科研实验区

该区的主要功能是科学研究或科研与生产相结合，如温室区主要作引种驯化、杂交育种、植物繁殖储藏等，另外还有实验苗圃、繁殖苗圃、移植苗圃、原始材料圃等。该区域一般不向游人开放，仅供专业人员参观学习。

三、动物园植物配植与造景方法

动物园是集中饲养、展览和研究野生动物及少量优良品种家禽、家畜，也可供人们观赏、游憩的城市公园。

（一）动物园的功能

1．科学研究

动物园是研究动物习性与饲养、驯化和繁殖、病理和治疗方法，并进一步揭示动物变异进化规律，创造新品种的试验基地。其收集、记录、分析动物资料所得的科研成果可用于解决动物人工饲养、繁殖和改善饲养管理的问题，并为野生动物的保护提供科学依据。

2．科普教育与教育基地

动物园应向游人普及动物科学知识，宣传生物进化论，使游人认识动植物，了解动物种类、动物区系、生活习性，了解动物的发展演化过程以及动物的经济价值；了解动物、人与环境的相互关系等，从而起到教育人们热爱自然，保护动物资源的作用。同时，动物园还可以作为中小学生学习动物知识的直观教材和相关专业大专院校学生的实习基地。

3．实现异地保护

动物园是野生动物（尤其是濒临灭绝的珍稀动物）的庇护场所，建立动物园是保护野外趋于灭绝的动物种群，并使之在人工饲养的条件下，长期生存繁衍下去的有效措施。动物园还起到动物种质资源库的作用。

4．供观光、游览及休憩的园林绿地

动物园属于城市园林绿地的一种，它以公园绿地的形式，让丰富多彩的植物群落和千姿百态的动物相映成趣，构成生机盎然、鸟语花香的园区景观，为游人观光、游览及休憩提供良好的景观与环境。

（二）动物园的分类

根据动物园的位置、规模和展出的方式，一般将动物园划分为城市动物园、人工自然动物园和自然动物园3类。

1．城市动物园

城市动物园一般位于大城市的近郊，展出的动物品种和数量相对较多，展出形式集中，以人工兽舍与动物室外活动场为主。按其规模大小又可以分为全国性大型动物园、综合性中型动物园、特色性动物园及专类动物园和小型动物园4类。

2．人工自然动物园

该类型动物园一般位于大城市的远郊，用地面积较大，动物的展出种类不多，通常为几十种。一般将动物封闭在范围较大的人工模拟的自然生存环境中，以群养、敞开放养为主，富有自然情趣和真实感。

3．自然动物园

自然动物园一般位于自然环境优美、野生动物资源丰富的森林、风景区和自然保护区，用地面积大，以大面积动物自然散养为主要展出方式。游人可以在自然状态下观赏野生动物，富有野趣。非洲、美洲和欧洲许多国家公园里均是以观赏野生动物为主要内容。需要说明的是，此类动物园在绿地分类标准中不属于公园绿地，而是属于风景游览绿地中的自然保护区。

（三）动物园植物配植与造景原则

1．安全性原则

首先，注意避免某些动物破坏植物或利用某种植物攀缘或跳跃逃跑，植物栽植时应采取一定的防护措施，要避免被动物利用，造成动物逃逸，对人畜构成伤害。比如，猴子园应避免在院内种植高大乔木和在靠近围墙的区域种植植物。

其次，利用植物配植阻隔动物间的视线，尤其是存在捕食关系的动物，以减少动物之间相互攻击的可能性，保障动物安全。

最后，动物园在配植动物活动范围内的植物时，不仅要选择有较高观赏价值的植物，还要考虑这些植物对动物是否安全。应种植萌发力强、病虫害少和对动物无毒的植物种类，不能种植叶、花、果有毒或枝条有尖刺的植物，以免动物受到伤害。如茄科的曼陀罗、天南星科的海芋、石蒜科的水仙、夹竹桃科的夹竹桃等均对动物有伤害，构树对梅花鹿有毒害，熊猫误食槐树种子容易引起腹泻，核桃对食草动物有害等。

2．生态相似性原则

动物园配植的植物应与动物原产地相同或具有相似的生境特点，以增加动物异地生存的适应性，提高展出的真实感和科学性。如水生动物可以大致集中在同一区域，种植湿生植物，营造湿地环境；骆驼园、鸵鸟园中铺沙子，结合地形地势造出沙丘、绿洲、小溪等原产地自然景观，种植旱生植物，营造出良好的栖息环境。

3．美观性原则

动物园展览区的目的是供游人参观，植物配植要充分把握美观性原则，注意植物形、色、量之间的协调，为建筑创造出优美的衬景，为游人创造出参观休息时良好的游览环境。在植物配植时，要照顾游人在欣赏动物时良好的观赏视线、背景和遮阴条件，如可以在兽舍附近的安全栏里种植乔木或与兽舍组合成花架等。兽舍外环境能绿化的也尽量绿化，其绿化风格及色调使兽舍内外连成一片，形成一个风格。另外，动物粪便、尿液和垃圾的处理都需要经过设计者精心设计考虑，减少影响园区的不利因素。

4．植物的实用性与长期性原则

动物园植物的实用性是指所选植物应对动物生活有利，不能有毒副作用，同时，所选植物应为动物所喜欢，如灵长类展馆多配植柔韧的藤本植物。长期性是指所选植物的茎叶是该区域动物不喜欢吃的种类，否则很快就会被动物食用，破坏园区本来的植物景观设计。但是有些果实受鸟兽喜爱的植物也可以布置在相应展区以增加自然气息，也有利于鸟类并保持其野性。

5．卫生防护隔离原则

卫生防护隔离原则就是要利用植物隔离某些动物发出的噪声和异味，避免相互影响和影响外部环境。动物园周围要设立卫生防护林带（宽度可达 30 m），组成疏透式结构林带，起防风、防尘、杀菌、消毒作用，在园内还可以利用园路的行道树作为防护林副带。按照有效防护距离为树高的 20 倍左右计算，必要时园内还可以设一定的林带，以真正解决动物园的风害问题。在一般情况下，利用植物作为隔离来解决卫生问题是有效的，但对于一些气味很大的动物房舍，只有绿化隔离带是不行的，还应在规划时把笼舍安排在下风向，并在其周围栽植密林来适当隔离。

（四）动物园植物配植与造景

首先，动物园植物造景要维护动物生活，结合动物生态习性和生活环境，创造接近自然的生态环境，以保证来自世界各地的动物能安全、舒适地生活；其次，植物还为动物笼舍和陈列创造衬托背景，应注意植物在形、色、量上的协调，以及植物与其他景观要素的协调，以形成动物、建筑、自然环境相协调的景致的一个良好的景观环境；再次，植物景观营造应考虑为游人观赏动物创造良好的视线、遮阴条件，为游人休息提供山林、河湖、鸟语花香的美好境地（动物园的外围应设置宽 30 m 的防风、防尘、杀菌林带）；最后，动物园植物造景应适当结合动物饲料的需要，结合生产，节省开支。

1．动物展区

该区可以按照动物的进化顺序（无脊椎动物—鱼类—两栖类—爬行类—鸟类—哺乳类）、生活习性、地理分布、游人爱好、地方珍贵动物、建筑艺术等统一规划，形成数个与动物笼舍相结合的、既有联系又有绿化隔离的动物展览区；也可以按照动物地理分布安排，如欧洲、亚洲、非洲、美洲、大洋洲等，创造不同特色的景区，给游人以动物自然分布的概念；还可以按照动物生活环境安排，如水生、高山、疏林、草原、沙漠、冰山等，有利于动物生长和园容布置。按动物生活环境配植的主要景观形式如下：

丛林式：高大茂密的乔木丛林可以营造出一定的自然环境，这类景观形式适用于喜欢安静的动物，为它们提供理想的藏身之处。

湖泊溪流式：适用于两栖动物、水生动物及一些水鸟展区，岸边植低矮的灌丛，为动物提供休息场所。

沼泽式：用于鳄鱼等沼生动物展区，以沼生植物为主，用石块把深水、浅水区分开，也可以完全模仿自然滩涂地景观，种植野生植物，营造出大自然荒凉的景观。

开阔疏林式：用于性情温顺的食草动物展区，植物配植应有利于空间的通透，一般以草本植物为主，再配植分枝点较高的乔木。

总之，动物园的植物造景要满足动物的生活需要，结合动物的生理特性和环境特点，营造出近似的自然园区，又要满足游客的观赏需要，有完善的休息林地、草坪作间隔，便于游人参观动物后休息，给人以美的享受。

2．宣传教育区、科学研究区

该区是科普、科研活动中心，由动物科普馆组成，设在动物园出入口附近，方便交通，但一般不向游人开放，仅供专业人员参观学习。

3．服务休息区

该区为游人设置休息亭廊、接待室、饭馆、小卖部、服务点等，便于游人使用，可结合当地特色，适当选择色彩鲜艳的观叶植物、时花或观赏树丛结合假山、溪流等组成各种自然景观。

4．经营管理区

该区由行政办公室、饲料站、兽疗所、检疫站等组成，应设在隐蔽处，利用绿化与展区、科普区相隔离，但又要交通方便，植物配植与造景参照综合性公园管理区。

五、郊野公园植物配植与造景方法

“郊野公园”这个名称源于英国。郊野公园与一般意义上的公园有较大的区别，是给游人带来郊游乐趣，展示大自然魅力的公园。随着城市化的发展和人民生活水平的提高，长期居住在城市的居民已不满足于城市里高强度人工管理下的一般绿地设施和城市公园。位于城市郊区的郊野公园以其宁静的自然环境优势和便利的地理位置，满足了人们踏青郊外、回归自然的需要，成为当前旅游和休闲的新热点。

郊野公园是指在城市的郊区、城市建设用地以外、划定有良好的绿化及一定的服务设施并向公众开放的区域，以防止城市建成区无序蔓延为主要目的，兼具有保护城市生态平衡、提供城市居民游憩环境、开展户外科普及自然教育活动场所等多种功能的绿化用地。

（一）郊野公园设计原则

在目前高强度的城市发展和旺盛的土地需求的情况下，城市郊野要保持青山隐隐、绿意盎然，需要法律法规的制定和完善；在郊野公园内，应划定不同生态敏感区域，对生态敏感地点加强巡逻、执法和保护，确保其可持续性发展，并重在保护生态，提供动植物的庇护场所，使物种自然繁衍。借鉴我国香港建设郊野公园的成功经验，设计和建设郊野公园的时候应遵循以下原则：

1．重视历史，原样保留

郊野公园在设计和建设时，应该尊重历史，保留历史的痕迹。这些保留的东西，让经历过的人勾起回忆，与场地空间有情感的共鸣；而未经历过的人可以学习了解这段历史，了解其包含特殊的人文史迹，如反映香港实业变迁史的太古糖厂，反映香港百年英租界历史的太平山旧港督别墅、维多利亚城界石等，这些构筑物大多是原样保存，仅作简单的游赏指引。

2．完善的路径体系

现代人生活节奏快，为舒缓压力，郊野公园内应设郊游路径、缓跑路径、健身路径、无障碍路径等各种不同类型、长度和难度的郊游路径，切合不同类型游人的需求。在郊野公园游客中心处应有详细资料供游人索取，详细介绍各段的长度、景观点及难易程度。路径的标志系统应完善，兼顾安全标志、越野定位系统以及对各种配套设施作详细的指引。

3．人工构筑量少

游客中心是郊野公园里最主要的建筑，为游客提供各种服务。有的游客中心还兼顾展览、科教的功能。游客中心大多采用与环境相协调的石材、木材、混凝土等材料，层数一般不超过 3 层，建筑外观自然、朴实，有浓郁的山野气息。建筑内装饰也应以游览观赏功能为主，装饰风格实用简洁。郊野公园根据不同地点和游赏内容，设有桌椅、野餐地点、烧烤炉、废物箱、儿童游戏设备、凉亭、营地和厕所等，在健身路径中可设各种健康器械。上述设施均经过精心设计，与自然环境互相协调。仅在低山地带公交车可抵达，部分设双向机动车道，道路的建设以不破坏自然景观为原则，穿越高山的路径及登山道在行人易发生危险处可以用当地石材垒步级，尽可能减少人工构筑设施。

4．安全措施齐备

郊野公园内应设置报警应急求救系统，供游客使用。同时，游客中心内可提供无线对讲设备出租服务及手机加油站业务，在山区范围较大的区域建设有移动通信设施站，方便对游人进行救护；应有完善的语言（可以是多语种）标志系统，要求造型简洁、材质生态环保；设沿游览线设置指示牌，以防游客迷路，当游客被困时可明确指出所在地点。很多郊野公园内气候变化无常，游客中心还应对特殊季节的特殊游客作特殊安全装备指引，以防造成人身伤害。郊野公园管理处和游客中心应为游客提供野外生存远足活动指引，如有必要先进行体能测试，引导游客选择适合自己游赏的路线，不要盲目冒险，并对游客充分诠释安全条款、提供通信装备。

在郊野公园内修建直达山顶的消防车道，园内山火的防护工作由护理员完成，一般在管理处设便携式灭火器，一旦有火情发生，小范围火情由灭火队员携带灭火器进行扑救。在山顶区域设置消防水池，以供应灭火器水泵用水。在山头设山火观测点，一旦发现大范围火情，可调集直升机就近采集海水灭火。

5. 利用郊野公园发展生态旅游

当城市化率超过50%以后，传统的乡村文化、田园风光、农业景观都会变成稀缺资源，乡村郊野旅游越来越受到人们的青睐。因此，可以借郊野公园为市民带来郊游乐趣，同时培养市民对本地自然生态的认知和爱护的心态。具体方式可以有：

雀鸟巢箱：在郊野公园范围内设置鸟巢，方便雀鸟在公园内栖息，同时方便游人对雀鸟进行观察。

生态探索：通过一系列活动，提高市民保护自然环境的意识。

野外研习：在野生动植物的栖息地，设置解说设施、导赏团等服务。

生态日记：拍摄各种各样本地的植物、昆虫及雀鸟照片，编辑成网站。

海洋保育：与珊瑚礁专项调研保护基金会合作，对珊瑚礁及近岸海底进行水域调查。

伙伴关系：与当地旅游管理部门、旅游资源开发类公司及地方村民加强合作，使本地生态旅游向良性方面发展。为保障村民利益，适当划定居住区域建设房屋，并就近安排村民入郊野公园就职，避免村民因个体利益受损而对环境造成破坏。

设置管制区：将生态敏感地区列为管制区，商业旅游团只能进入交通较方便的生态边缘地带。

举办各种各样具有乡土气息的节日，如桃花节、梨花节等，不仅可以赏花，市民还可以带上食材到郊野公园户外休闲烧烤区，一边赏花一边烧烤，体验返璞归真的乐趣。

（二）郊野公园植物配植与造景

郊野公园不仅有效地保护了城市与乡村交界处良好的自然资源，同时也使遭受破坏的资源得到修复，并很好地满足市民的游憩需求。公园内应尽量保留原有植被，并根据自然生态群落的原理，在需要修补的地区选用乡土树种，营造混交林或封山育林，恢复自然植被、保护珍稀濒危植物和古树名木，形成有地方特色的植物生态群落。

郊野公园可以借鉴自然保护区的模式划分为核心区（荒野区）、缓冲区（宽广区）和发展控制区（游憩区）3个部分。核心区以保持自然生态环境为主，严禁砍伐捕猎和毁林开荒，防止自然资源遭受破坏；缓冲区在科学论证的基础上，以提高生物多样性为目的进行适当改造，经过批准可以进行科学试验、参观考察和教学实习等；发展控制区主要为市民提供休闲娱乐场所，开展观光、游览、徒步旅行、野餐等活动。郊野公园的人工植物造景主要针对发展控制区。

1．入口区域

入口作为郊野公园的标志性景观，应突出其标志性。但区别于城市公园多采用规则式种植形式及大量硬质小品的手法，在设计郊野公园入口时，应更注重突出其自然的属性，多用大尺度的自然式植物形式，采用结合带有导向图的标志牌的圆木栅栏，或带有标志牌的石塔，力求简单、古朴、传达信息性强。植物多选择代表其郊野公园所属地域性特色的主题树种，同时考虑结合种植部分灌木起到障景的作用。

2．停车场周边

郊野公园若有停车场的必要，应将其限制至适当的规模，并使用适当的植物绿化和其他设计材料，以减少对视觉和环境的不利影响，停车场环境特殊，在种植植物时往往限制条件很多。由于停车场周围地面土质坚硬，土壤缺少氧气、水分，地面辐射热强烈等不利条件，常引起树木焦叶和不正常的蒸腾作用。在选择树种时，应优先考虑适时适地的抗性树种，在停车场周围单株或群植均可。同时，为了避免汽车倒车时撞在树上，或汽油泄漏入土污染植物根部，一般建议设计树池。

3．园路

郊野公园园路的曲线一般都很自然流畅、不拘一格，游人漫步其中，可体会步移景异的效果，因此，路旁植物景观的优劣直接影响全园的景观。路缘景观大致可分为非对称型路缘景观和对称型路缘景观两大类。非对称型路缘景观，即路缘两侧的景物是不对称的，如一侧是高大的乔木，另一侧是小乔木或灌木；对称型路缘景观，即路缘两侧界面是由相同种类、体量和结构的林木构成的。

主园路是连接各活动区的主要道路，游人量大，往往设计成环路。平坦笔直的主路两旁常用对称型路缘景观，植以观花乔木为主，并以花灌木作下木，以丰富园内色彩。如果主园路前方有漂亮的建筑作对景时，两旁植物可密植，使道路成为一条甬道，形成夹景，以突出建筑主景。次园路是园中各区内的主要道路，小路则供游人在宁静的景区中漫步。次园路和小路两旁的种植可更灵活多样。由于路窄，有的只需在路的一旁种植具有拱形枝条的大灌木或小乔木，形成拱道，游人穿行其下，富有野趣，起到既遮阴又赏花的效果；有的植成复层混交群落，让游人感到非常幽深；或长江以南地区在小径两旁配置竹林，组成竹径，让游人循径探幽。

李白有诗云“绿竹入幽径，青萝拂行衣”说明要创造曲折、幽静、深邃的园路环境，用竹来造景是非常适合的。但难以透视的密林，易使人产生单调感或压抑感。为此，在主要游览线路两侧，植物配植要疏密适当。

4．游憩区

郊野公园能大量地制造人类生存所必需的氧气，有效地降低太阳辐射和紫外线对人类健康的危害。当前，以恢复健康为主要目的的旅游越来越受到人们青睐，为了满足人们的需求，在郊野公园中开辟活动区及休憩区非常必要。根据郊野公园所在场地条件，游憩区可以设置散步、野营、烧烤等不同游憩项目，在有足够水域的环境中还可以结合游泳、划船、垂钓等活动。

人们到郊野公园追求的是一种山林的野趣，在此区域不必设计过多的人工景观，但必须有一定的植物景观作衬托。游憩区植物覆盖率应为40%～70%，疏林和草地相结合进行休憩区的植物景观营造是最理想的野营地。由于疏林密度稀疏，常把疏林与草地结合起来形成一个独立的审美对象。疏林大都由人工种植而成，林相茂盛，一般选择平地或地势平缓之处。疏林的树木种类应选择树冠开展、枝叶疏朗、生命力旺盛的树种，树的花色、叶色、冠形及枝干也需要有较高的观赏价值。疏林不宜均匀分布，最忌成行或整齐配植，否则会使景观生硬单调。宜在落叶树内适当地掺杂一些常绿树种，宜丛状或团状分布，疏中有密，密中有疏，时断时续，力求灵活生动，参差有致。疏林的边缘，利用开敞的林缘空间及植物季相变化的特色，有计划地营造或改造各种季相特色的风景林，能显著提高郊野公园森林景观的质量，增加对游客的吸引力。季相特色风景林主要有观叶类和观花类。观叶类的风景林包括银杏、黄连木、五角枫、三角枫、黄栌、火炬树、金钱松等叶片在不同季节具有不同颜色的风景林和鸡爪槭、红枫、红叶李等叶片始终是红、紫等颜色的风景林。观花类风景林主要是指杜鹃、紫薇、广玉兰、白玉兰、梅花等由木本花卉组成的风景林。考虑人们野餐和宿营的要求，配植林下的草地时应选草皮有观赏价值，且草质坚韧、生长旺盛、耐践踏的草种。

在郊野公园中，水是构成景观的重要因素，无论为主景、配景或小景，无一不借助植物来丰富水体的景观。水中、水旁植物的姿态、色彩所形成的倒影，均增强了水体的美感。在水体景观旁配置植物景观可从以下两个方面考虑：一是注重植物的线条，平直的水面通过配植具有各种树形及线条的植物可丰富线条构图，如在平直的水面旁植上高耸的钻天杨、柳或雪松，形成强烈的对比；二是利用透景和借景，水边植物切忌等距离种植及整形式修剪，以免失去画意，栽植片林时，留出透景线，利用水边片林中留出透景线及倾向湖面的地形，引导游客很自然地步向水边欣赏对岸的风景。

5．建筑物周边

在郊野公园游憩设施相对比较集中的区域，为了公众的使用会布局一些公园建筑，应根据景观周围的自然特色来决定建筑的选址。同时，建筑规模不宜太大，应外观简朴、乡土，内部设备先进。令人满意的效果是建筑成为环境中的风景，从任何角度看其存在都是合理的、有益的。在建筑物旁配置植物景观时，首先要注意两者之间体量的协调性，如在高大的建筑物前可用几十棵紧密丛植的乔木来修饰，一些粗糙质地的建筑墙面可用粗壮的紫藤等植物来美化，但对于质地较细腻的瓷砖墙面，则应选择纤细的攀缘植物。其次应注意色彩的搭配。服务区中的建筑物一般为浅色，在其前面配置浓绿的大叶植物将使整体气氛雅静，夏日里更感凉意，最受旅游者欢迎。最后应注意建筑物与植物景观的线条对比。建筑物的线条比较硬直，在配植植物时应选较柔和、活泼的。另外，在用植物来美化建筑的屋顶时，可以让建筑与植物更紧密地融为一体，丰富建筑的美感，便于游客观赏，减少游览区压力。

总之，建设郊野公园，在规划过程中，应根据公园与城市的空间关系和自身优势的具体情况设置相应的游憩与配套设施，以方便游客集散与游玩；制订出符合生态承载力的开发强度，在生态保护与产业开发之间取得一个良性平衡，以达到双赢的效果。在建设过程中，郊野公园中大多数是采用顺其自然的手法，尽可能保留原始状态，以简朴为好，建材多是就地取材，以延续当地文脉，是展示当地文化资源的窗口。

第二节 居住区与工厂绿地植物配植与造景

一、居住区绿地植物配植与造景方法

居住区绿地是指在居住区范围内，住宅建筑、公共设施和道路用地以外，通过现场踏勘，结合实际情况，合理设计地形山水，种植花草树木，布置居民游憩活动场地和园林建筑小品等，为居民创造优美、整洁、宁静生活环境的用地。居住区绿地形成住宅建筑必需的通风采光和景观视觉空间，以绿化为主，能有效改善居住区的生态环境，通过植物与建筑物的配合使居住区的室外开放空间富于变化，形成居住区赏心悦目、富有特色的景观环境。居住区广泛分布在城市建成区中，因此，居住区绿地构成了城市绿地系统点、线、面网络中面上绿化的重要部分，是居民在生活中接触最为广泛的绿地类型，其规划设计直接表现居住区的面貌和特色，同时也直接影响居民的生活质量。

（一）居住区绿地的作用

1．营造绿色空间

居住区绿地以植物为主体，在净化空气、减少尘埃、吸收噪声等方面起着重要作用。绿地能有效地改善居住区建筑环境的小气候，包括遮阳降温、防止

西晒、调节气温、降低风速，在炎热的夏季静风状态下，绿化能促进由辐射温差产生的微风环流的形成等。居住区中较高的绿地标准以及对屋顶、阳台、墙体、架空层等闲置或零星空间的绿化应用，为居民多接近自然的绿化环境创造了条件，对居民的生活和身心健康都起着很大的促进作用。

2. 塑造景观空间

进入21世纪，人们对居住区绿化环境的要求，已不仅是多栽几排树、多植几片草等单纯“量”方面的增加，而是在“质”的方面提出了更高的要求，居住区的发展和进步，使入住者产生家园的归属感。

绿化环境所塑造的景观空间具有共生、共存、共荣、共乐、共雅等基本特征，给人以美的享受，它不仅有利于城市整体景观空间的创造，而且大大提高了居民的生活质量和生活品位。另外，良好的绿化景观空间还有助于保持住宅的长远效益，增加房地产开发企业的经济回报，提高市场竞争力。

居住区绿地是形成居住区建筑通风、日照、采光、防护隔离、视觉景观空间等的环境基础，富于生机的园林植物作为居住区绿地的主要构成材料，起着绿化、美化居住区环境的作用，使居住建筑群显得更加生动活泼、和谐统一，同时，绿地还可以遮挡不雅观的因素。

3. 创造交往空间

社会交往是人的心理需求的重要组成部分，通过社会交往，可使人的身心得到健康发展，这对于处于信息时代的人们而言显得尤为重要。居住区绿地优美的景观环境和方便舒适的休息游憩设施、交往场所吸引居民在就近的绿地中休憩观赏和进行社交，使居民在住宅附近能进行运动、游憩、散步、休息和社交等活动，既满足居民在日常生活中对户外活动的要求，又有利于人们的身心健康和邻里交往。

此外，居住区公共绿地在地震、火灾等非常时期有疏散人流和隐蔽避难的作用。

（二）居住区绿地植物配植造景的原则

居住区绿地包括公共绿地、宅旁绿地、公建绿地和道路绿地等，既要能满足居民的生活、工作、户外活动、社交的需要，又要求具有安全感、私密性或开放性及一定的美学意义，突出小区特色和时代感。

1. 注重生态效益

居住区绿地是城市绿地系统的重要组成部分，对城市生态平衡及居住区内部小气候的调节有很大作用，因此，居住区绿化应该把生态效益放在首位，重视绿量。

2. 绿化与美化、香化相结合

自然界的植物色彩非常丰富，四季的色彩变化也不同。大多数植物的基本色调是绿色，但绿色也有深、浅、浓、淡之分，同时，绿色植物不同的高低、大小、姿态等使得植物的层次更加丰富。色彩美是构成园林美的主要成分，嗅觉美是园林艺术不同于其他艺术形式的特点，在居住区植物造景时除了大量使用绿色植物，还应适当点缀彩叶植物和香花植物，增加景观的美感和居民的舒适度。园林工作者应充分学习、掌握各种植物的生物学特性，在居住区绿地植物配植时利用植物叶、花、果实、枝条和皮干等的观赏特性进行色彩组合与协调，做到一带一个季相或一个组团一个季相。

3. 留有一定的活动空间，调节居住区内部环境小气候

居住区绿地的绿量关系居住区绿地的生态效益高低，但并不是一味地追求绿量让居住区绿地成为密密的森林，而应在植物配植时做到疏密有致，留出居民活动、锻炼、交往等空地，其面积大小与服务半径相适应，一般不超过绿地面积的 10%。

4. 乔、灌、草、藤合理搭配，植物比例适当，速生植物与缓生植物相结合

将植物配植成高、中、低各层次；在南方的居住区绿地中，为了抵挡炎炎烈日的直晒，常绿植物常多于落叶植物，而在北方的居住区绿地中，为了增加冬天暖阳的照射，常绿植物应适当少于落叶植物；居住区绿地植物配植时应考虑植物景观的稳定性和长远性，速生植物与缓生植物相结合。

5. 尽量保存原有树木、古树名木

在植物配植设计前期，设计师应对居住区现状植物情况了解清楚，设计时尽量保留现状中可利用的植物，尤其是大树或珍稀植物，营造丰富的植物景观。

二、工厂（矿山）植物配植与造景方法

工厂（矿山）工作环境大多恶劣，往往还有高温、噪声、粉尘等，这些都对劳动者身心健康有害。工厂（矿山）绿化则是可以将恶劣环境改造成适合于劳动和工作的良好环境的重要手段。工厂（矿山）绿地是城市绿地系统的有机组成部分，搞好工厂（矿山）的园林绿化，可以改善厂（矿）区环境条件、美化厂容厂貌、保障安全生产。

（一）工厂（矿山）绿地立地条件

工厂（矿山）多地处荒山、秃岭、盐碱地等地区，加上工业三废的污染，对植物生长发育不利；工厂（矿山）建筑用地多，绿化用地少、狭小、分散；工厂（矿山）车间四周经常有自来水管道、煤气管道、蒸汽管道等各种管线，这些管线在地上、地下及高空纵横交错；生产车间的周围往往是原料、半成品、备件或废料的堆积场地，视线范围内景观质量较差，对工厂（矿山）绿地景观影响较大；工矿企业的发展用地不久就会用于建设，只能进行短期绿化。

工厂（矿山）的以上立地条件因素给植物造景造成了很大困难。

（二）工厂（矿山）植物造景的要点

工厂（矿山）是职工生产、劳动的场所，其绿化景观质量关系工厂（矿山）各区、各车间内外生产环境和厂（矿）区容貌的好坏，在植物造景时应注意以下3个方面：

1. 为生产服务，为职工服务，自成特色和风格

工厂（矿山）类型不一，在进行植物配植之前，要了解工厂（矿山）及其车间、仓库、料场等区域的特点，综合考虑生产工艺流程、防火、防爆、通风、采光以及产品对环境的要求，使绿化服从或满足这些要求，有利于生产和安全。同时，设计工厂（矿山）绿地时，应充分发挥植物净化空气、美化环境、消除疲劳、振奋精神、增进健康等作用，创造有利于职工劳动、工作和休息的环境，有益于工人的身体健康。工厂（矿山）绿地以放松和调节使用者的精神状态为目的，为职工营造舒适、安静、稳定的氛围；工厂（矿山）绿地多以本单位职工为使用主体，职工休息时间较少、比较疲惫，休息时间又基本相同，在设计时多考虑多人同时使用的绿地空间。另外，工厂（矿山）绿化应为设备检修留好余地。

工厂（矿山）绿化是以建筑为主体的环境净化、绿化和美化，要体现本厂（矿）的绿化特色和风格，充分发挥绿化的整体效果，以植物与工厂（矿山）的建筑形态、体量、色彩相衬托、对比、协调，形成别具一格的工业景观和独特优美的厂区环境，体现工厂（矿山）的特点和风格。

2. 保证有足够的绿地面积，合理布局，形成系统

工厂（矿山）绿量直接影响绿地功能和景观，建设部发布的《城市绿化规划建设指标的规定》第五条规定：工厂（矿山）的绿地率不小于20%，产生有毒气体及污染工厂（矿山）的绿地率不低于30%，并根据国家标准设立不少于50 m的防护林带。同时，由于工厂（矿山）性质不同，绿化率的要求也不同：重工业20%、化学工业20%～25%、轻纺工业40%～50%、精密仪器工业50%、其他工业25%。

工厂（矿山）绿地规划设计应与工厂（矿山）的总体规划同步进行，合理布局，形成系统，与周边环境相联系衔接，过渡自然，确保和改善工厂（矿山）及周边环境的效益得以有效发挥。

3. 克服不利条件，采用多种绿化形式

工厂（矿山）绿地的土壤成分和其环境条件一般较为恶劣，对植物的生长极为不利，因此，能选择的植物种类较少，由于树种的单一，致使植物景观容易单调。为避免单调感，结合不同绿地的使用要求，应将乔木、灌木、花卉和地被相结合，采取多种形式的栽植。

工厂（矿山）地上地下管道线路多，应妥善处理绿地与管线的关系，绿化时要考虑合适的植物类型和种植方式。建筑密度高的区域可以采用垂直绿化、立体绿化等方式来扩大植物覆盖面积，丰富绿化的层次和景观。

工厂（矿山）的发展用地宜布置简单、经济的植物，便于以后改造利用；工厂（矿山）的备件场地和原料堆场对绿地景观影响较大，可以利用植物遮挡；矿山的尾矿坝、采矿点要与水土保持工程措施相结合进行绿化。

（三）工厂绿化树种的选择

1．选择原则

要使工厂（矿山）绿地树种生长良好，取得较好的绿化效果，必须认真选择绿化树种，原则上应注意以下 4 个方面：

（1）识地识树，适地适树，选择乡土树种。识地识树是指要求园林工作者对拟绿化的工厂（矿山）绿地的生态条件（温度、湿度、光照、土层厚度、土壤结构和肥力、土壤 pH 值等）及各种园林植物的生物学和生态学特征有清晰的认识和掌握。适地适树是指根据绿化地段的环境条件选择适宜的园林植物，使环境能满足植物正常生长，也使植物能适应栽植地环境。应尽量选择当地自然生长的植物种类，它们成活率高，生长茁壮，抗性和耐性强，绿化效果和经济性好。

（2）选择防污能力强，又有利于观赏和人体健康的植物。多数工厂（矿山）对环境有或多或少的污染，因此，要在调查研究和测定的基础上，选择防污能力较强的植物，尽快取得良好的绿化效果，发挥工厂（矿山）绿地改善和保护环境的功能。同时，注重选择树形美观、色彩、风韵、季相变化上有特色的树种，以更好地美化厂区，有利于工人的身心健康。

（3）生产工艺的要求。工厂（矿山）的性质不同，其生产工艺流程和产品质量对空气洁净程度、防火、防爆等环境条件的要求也不同，选择绿化植物时要充分了解和考虑这些限制因素。

（4）易于繁殖，便于管理，力争经济效益。工厂（矿山）绿化管理人员有限，为省工节支，宜选择繁殖、栽培容易和管理粗放的树种。

2．常用植物选择

在工厂（矿山）植物造景时，应注意选择抗二氧化硫、氯气、氟化氢、乙烯、氨气、烟尘等有害气体和防火的树种。对部分有害气体抗性强弱不同的常用植物如下：

（1）抗二氧化硫气体或对二氧化硫气体敏感的植物（钢铁厂、大量燃煤的电厂等）抗性强的植物：大叶黄杨、雀舌黄杨、黄杨、海桐、蚊母、山茶、女贞、小叶女贞、棕榈、凤尾兰、夹竹桃、枸骨、金橘、构树、无花果、枸杞、青冈栎、白蜡、木麻黄、相思树、榕树、十大功劳、九里香、侧柏、银杏、广玉兰、鹅掌楸、柽柳、梧桐、重阳木、合欢、皂荚、刺槐、国槐、紫穗槐、黄杨等。

抗性较强的植物：华山松、白皮松、云杉、赤杉、罗汉松、龙柏、桧柏、石榴、月桂、冬青、珊瑚树、柳杉、栀子、飞鹅槭、臭椿、桑树、楝树、白榆、榔榆、朴树、黄檀、蜡梅、榉树、毛白杨、丝棉木、木槿、丝兰、红背桂、芒果、椰树、蒲桃、米仔兰、菠萝、沙枣、印度榕、苏铁、厚皮香、枫杨、红茴香、凹叶厚朴、含笑、杜仲、细叶油茶、七叶树、八角金盘、日本柳杉、花柏、丁香、卫矛、无患子、玉兰、八仙花、地锦、泡桐、连翘、紫荆、柿树、垂柳、胡颓子、紫藤、三尖杉、杉木、紫薇、银杉、蓝桉、乌桕、杏树、枫香、加杨、旱柳、美人蕉、紫茉莉、九里香、唐菖蒲、郁金香、菊花、鸢尾、玉簪、仙人掌、三色堇、雏菊、金盏花、福禄考、金鱼草、蜀葵、半枝莲等。

反应敏感的植物：苹果、梨、羽毛槭、郁李、悬铃木、雪松、油松、马尾松、云南松、湿地松、落地松、白桦、贴梗海棠、梅花、玫瑰、月季等。

（2）抗氯气或对氯气敏感的植物。抗性强的植物：龙柏、侧柏、大叶黄杨、海桐、蚊母、山茶、女贞、夹竹桃、凤尾兰、棕榈、构树、木槿、紫藤、无花果、樱花、枸骨、臭椿、榕树、九里香、小叶女贞、丝兰、广玉兰、柽柳、合欢、皂荚、国槐、黄杨、白榆、红棉木、沙枣、椿树、苦楝、白蜡、杜仲、厚皮香、桑树、柳树、枸杞等。

抗性较强的植物：桧柏、珊瑚树、栀子、朴树、无花果、罗汉松、桂花、石榴、紫薇、紫荆、紫穗槐、乌桕、悬铃木、水杉、天目木兰、凹叶厚朴、银杏、丁香、假槟榔、江南红豆树、细叶榕、蒲葵、枇杷、黄杨、刺槐、毛白杨、石楠、榉树、泡桐、银桦、云杉、柳杉、梧桐、重阳木、榕树、木麻黄、天竺葵、卫矛、接骨木、地锦、米仔兰、芒果、君迁子、月桂、大丽菊、蜀葵、百日草、紫茉莉等。

反应敏感的植物：池柏、核桃、木棉、樟子松、赤杨等。

（3）抗氟化氢气体的树种或对氟化氢气体敏感的植物。抗性强的植物：大叶黄杨、海桐、蚊母、山茶、凤尾兰、龙柏、构树、朴树、石榴、桑树、香椿、青冈栎、侧柏、皂荚、国槐、柽柳、黄杨、木麻黄、白榆、沙枣、夹竹桃、棕榈、杜仲等。

抗性较强的植物：桧柏、女贞、小叶女贞、白玉兰、珊瑚树、无花果、垂柳、桂花、枣树、樟树、木槿、楝树、臭椿、刺槐、合欢、白皮松、拐枣、柳树、山楂、胡颓子、滇朴、紫茉莉、白蜡、云杉、广玉兰、飞蛾槭、榕树、柳杉、丝兰、银桦、梧桐、乌桕、泡桐、油茶、小叶朴、鹅掌楸、含笑、紫薇、地锦、柿树、山楂、月季、丁香、樱花、凹叶厚朴、黄栌、银杏、天目琼花、金银花、金鱼草、菊花、百日草、紫茉莉等。

反应敏感的植物：葡萄、慈竹、榆叶梅、紫荆、白千层、梅、杏等。

参考文献

[1] 李同欣．风景园林及植物景观设计［M］．北京：现代出版社，2023．
[2] 周永红，杨瑞武．禾草植物生物学［M］．成都：四川科学技术出版社，2023．
[3] 朱玮，连亚剑，韩春妮．园林植物及造景研究[M]．汕头：汕头大学出版社，2023．
[4] 孔令琛，杜辉．风景园林规划与设计研究［M］．延吉：延边大学出版社，2023．
[5] 江明艳，陈其兵．风景园林植物造景第2版[M]．重庆：重庆大学出版社，2022．
[6] 史宝胜，陈丽飞．园林植物学［M］．北京：中国建材工业出版社，2022．
[7] 田松，马燕芬，龚莉茜．风景园林规划与设计［M］．长春：吉林科学技术出版社，2022．
[8] 李元应，黄镶，刘秀青．园林植物与生态人居环境建设［M］．长春：吉林出版集团股份有限公司，2022．
[9] 王钺，贺坤．园林植物识别与应用［M］．上海：上海科学技术出版社，2022．
[10] 袁伊旻，傅强，王植芳．园林植物基础[M]．武汉：华中科技大学出版社，2022．
[11] 许晓岗，童丽丽．园林树木学［M］．南京：东南大学出版社，2022．
[12] 张洋．城市绿道建设中植物多样性策略研究［M］．上海：上海交通大学出版社，2022．
[13] 吕桂菊．植物识别与设计［M］．北京：中国建材工业出版社，2021．
[14] 陈晓刚．园林植物景观设计［M］．北京：中国建材工业出版社，2021．
[15] 杨至德．风景园林设计原理第4版［M］．武汉：华中科技大学出版社，2021．
[16] 谭炯锐，段丽君，张若晨．园林植物应用及观赏研究［M］．北京：中国原子能出版社，2021．

[17] 孙继峥，杨尧. 风景园林艺术与林业保护 [M]. 长春：吉林人民出版社，2021.
[18] 张恒基，朱学文，赵国叶. 园林绿化规划与设计研究 [M]. 长春：吉林人民出版社，2021.
[19] 潘远智. 园林花卉学 [M]. 重庆：重庆大学出版社，2021.
[20] 王岩，邱毅敏，张华. 现代园林规划设计 [M]. 长春：吉林科学技术出版社，2021.
[21] 汪华峰，袁建锋，邵发强. 园林景观规划与设计 [M]. 长春：吉林科学技术出版社，2021.
[22] 武静. 风景园林概论 [M]. 北京：中国建材工业出版社，2020.
[23] 陈晓刚. 风景园林规划设计原理 [M]. 北京：中国建材工业出版社，2020.
[24] 张文婷，王子邦. 园林植物景观设计 [M]. 西安：西安交通大学出版社，2020.
[25] 圣倩倩，祝遵凌. 园林植物生态功能研究与应用 [M]. 南京：东南大学出版社，2020.
[26] 刘洋. 风景园林规划与设计研究 [M]. 北京：中国原子能出版社，2020.
[27] 袁惠燕，王波，刘婷. 园林植物栽培养护 [M]. 苏州：苏州大学出版社，2019.
[28] 赵九洲，邢春艳. 风景园林树木学 [M]. 重庆：重庆大学出版社，2019.